T0209646

essentials

essentials liefern aktuelles Wissen in konzentrierter Form. Die Essenz dessen, worauf es als „State-of-the-Art" in der gegenwärtigen Fachdiskussion oder in der Praxis ankommt. *essentials* informieren schnell, unkompliziert und verständlich

- als Einführung in ein aktuelles Thema aus Ihrem Fachgebiet
- als Einstieg in ein für Sie noch unbekanntes Themenfeld
- als Einblick, um zum Thema mitreden zu können

Die Bücher in elektronischer und gedruckter Form bringen das Fachwissen von Springerautor*innen kompakt zur Darstellung. Sie sind besonders für die Nutzung als eBook auf Tablet-PCs, eBook-Readern und Smartphones geeignet. *essentials* sind Wissensbausteine aus den Wirtschafts-, Sozial- und Geisteswissenschaften, aus Technik und Naturwissenschaften sowie aus Medizin, Psychologie und Gesundheitsberufen. Von renommierten Autor*innen aller Springer-Verlagsmarken.

Weitere Bände in der Reihe https://link.springer.com/bookseries/13088

Karl-Heinz Zimmermann

Abzähltheorie nach Pólya

Karl-Heinz Zimmermann
Institut für Eingebettete Systeme
TU Hamburg
Hamburg, Deutschland

ISSN 2197-6708 ISSN 2197-6716 (electronic)
essentials
ISBN 978-3-658-36497-7 ISBN 978-3-658-36498-4 (eBook)
https://doi.org/10.1007/978-3-658-36498-4

Die Deutsche Nationalbibliothek verzeichnet diese Publikation in der Deutschen Nationalbibliografie; detaillierte bibliografische Daten sind im Internet über http://dnb.d-nb.de abrufbar.

Planung/Lektorat: Iris Ruhmann
Springer Spektrum ist ein Imprint der eingetragenen Gesellschaft Springer Fachmedien Wiesbaden GmbH und ist ein Teil von Springer Nature.
Die Anschrift der Gesellschaft ist: Abraham-Lincoln-Str. 46, 65189 Wiesbaden, Germany

Was Sie in diesem *essential* finden können

Kurz ausgedrückt, eine Einführung in das mathematische Konzept der Abzählung nach Pólya. Welche kombinatorischen Objekte lassen sich damit effektiv abzählen? Zum Beispiel die Menge aller wesentlich verschiedenen Halsketten mit n Perlen, wobei jede Perle eine von m Farben trägt. Wird eine solche Perlenkette durch ein reguläres n-Eck dargestellt, dann bleibt sie bei Drehung oder Spiegelung des n-Ecks erhalten. Derartige Transformationen müssen bei der Abzählung berücksichtigt werden, um Mehrfachnennungen zu vermeiden. Hier kommt die Gruppentheorie ins Spiel, die in der Lage ist, solche Transformationen zu beschreiben. Aber dies ist nur die Spitze des Eisberges. Es geht allgemein gesprochen um die Abzählung von kombinatorischen Objekten mit Symmetrien. Die elementare Kombinatorik, die sich bekanntlich mit Kombinationen, Permutationen, Variationen und Partitionen beschäftigt und teilweise schon in der Oberstufe im Rahmen des Stochastik-Unterrichts gelehrt wird, kann hier leider nicht weiterhelfen.

Das vorliegende Büchlein behandelt ausführlich den gefeierten Abzählsatz von Pólya, der eine Abzählung von kombinatorischen Objekten mit Symmetrien auf elegante Weise ermöglicht. Die Darstellung ist in sich abgeschlossen und erörtert insbesondere die notwendigen mathematischen Grundlagen. Motivation und Durchhaltevermögen sind gefragt, aber die Mühe lohnt sich. Am Schluss werden neben dem obigen Halskettenproblem weitere Abzählprobleme behandelt, insbesondere die Abzählung von gefärbten Spielewürfeln, Graphen und Bäumen.

Inhaltsverzeichnis

1 Einführung in die kombinatorische Abzählung 1

2 Algebraische Grundlagen 5
2.1 Gruppen 5
2.2 Untergruppen und Homomorphismen 13
2.3 Symmetriegruppen 22

3 Zentrale Konzepte 29
3.1 Gruppenoperationen 29
3.2 Bahnen, Stabilisatoren und Fixpunkte 31
3.3 Färbungen 34

4 Abzählung nach Pólya 37
4.1 Das Lemma von Burnside 37
4.2 Zyklenindexpolynome 43
4.3 Der Abzählsatz von Pólya 47

5 Historie und Zusammenfassung 57

Benutzung von Maple™ 61

Literatur 67

Stichwortverzeichnis 69

1 Einführung in die kombinatorische Abzählung

Die Kombinatorik als mathematische Disziplin ist in erster Linie als Kunst des Zählens bekannt. Damit sollen Fragen untersucht werden, die mit „Wie viele" beginnen. Für die Bewältigung des vorliegenden Büchleins werden grundlegende Konzepte aus der Mengenlehre vorausgesetzt.

Zählprinzipien

Kombinatorische Überlegungen fußen auf drei fundamentalen Prinzipien der Abzählung:

- Nach dem *Gleichheitsprinzip* sind zwei Mengen A und B *gleichmächtig*, geschrieben $|A| = |B|$, wenn es eine bijektive Abbildung $f : A \to B$ gibt. Beispielsweise sind die Mengen $\{a, b, c\}$ und $\{1, 2, 3\}$ gleichmächtig, weil die Abbildung $f : \{a, b, c\} \to \{1, 2, 3\}$ mit $f(a) = 1$, $f(b) = 2$ und $f(c) = 3$ bijektiv ist.
- Mit dem *Additionsprinzip* ist die Mächtigkeit der Vereinigung endlicher disjunkter Mengen A und B durch die Summe der Mächtigkeiten der beiden Mengen gegeben:
$$|A \cup B| = |A| + |B|.$$
Es gilt: $|\{1, 2, 3, 4, 5\}| = |\{1, 2, 3\} \cup \{4, 5\}| = |\{1, 2, 3\}| + |\{4, 5\}| = 3 + 2 = 5$.
- Das *Multiplikationsprinzip* besagt, dass die Mächtigkeit des kartesischen Produkts endlicher Mengen A und B durch das Produkt der Einzelmächtigkeiten festgelegt ist:
$$|A \times B| = |A| \times |B|.$$
Es gilt: $|\{a, b, c\} \times \{1, 2\}| = |\{(a, 1), (a, 2), (b, 1), (b, 2), (c, 1), (c, 2)\}| = |\{a, b, c\}| \cdot |\{1, 2\}| = 3 \cdot 2 = 6$.

K. Zimmermann, *Abzähltheorie nach Pólya*, essentials,
https://doi.org/10.1007/978-3-658-36498-4_1

Abzählende Polynome und Potenzreihen

Bei schwierigeren Anzahlbestimmungen wird oft die Methode der abzählenden Polynome oder abzählenden Potenzreihen eingesetzt. Die beiden nachfolgenden Beispiele vermitteln einen ersten Vorgeschmack auf die Abzählung nach Pólya.

Beim *Halskettenproblem* besteht die Aufgabe darin, die Anzahl der Halsketten mit n Perlen zu bestimmen, wobei jede Perle eine von m Farben trägt. Zwei derartige Halsketten sind gleichwertig, wenn sie unter Berücksichtigung der Farben der Perlen durch Drehung oder Spiegelung zur Deckung gebracht werden können. Mathematisch werden diese Anzahlen durch aufzählende Polynome dargestellt. Bei zweifarbigen (blau und rot) Halsketten mit vier Perlen ergeben sich insgesamt sechs verschiedene Halsketten, die durch das folgende Polynom repräsentiert werden:

$$p(x) = x^4 + x^3 + 2x^2 + x + 1.$$

Die Summe der Koeffizienten ergibt die Gesamtzahl der Halsketten und der Koeffizient des Monoms x^k steht für die Anzahl der Halsketten mit k blauen Perlen (Abb. 1.1).

Unter einem *Baum* wird ein aus Knotenpunkten und stetigen Streckenzügen zusammengesetztes kombinatorisches Gefüge verstanden. Zwei Knoten können durch eine Strecke verbunden sein und in einem Knoten dürfen beliebig viele Strecken zusammenlaufen. Ein Baum ist stets zusammenhängend, aber geschlossene Wege sind nicht gestattet.

Ein *Wurzelbaum* ist ein Baum mit einem ausgezeichneten Knoten, *Wurzel* genannt. Aus Sicht der Topologie werden zwei Bäume als äquivalent bezeichnet, wenn sie in ihren Zusammenhangsverhältnissen kongruieren; bei Wurzelbäumen sind dabei noch die jeweiligen Wurzeln zuzuordnen. Wird mit T_n die Anzahl der topologisch verschiedenen Wurzelbäume mit n Knoten bezeichnet, dann ergibt sich die folgende Anzahlpotenzreihe für Wurzelbäume:

$$T(x) = \sum_{n=1}^{\infty} T_n x^n.$$

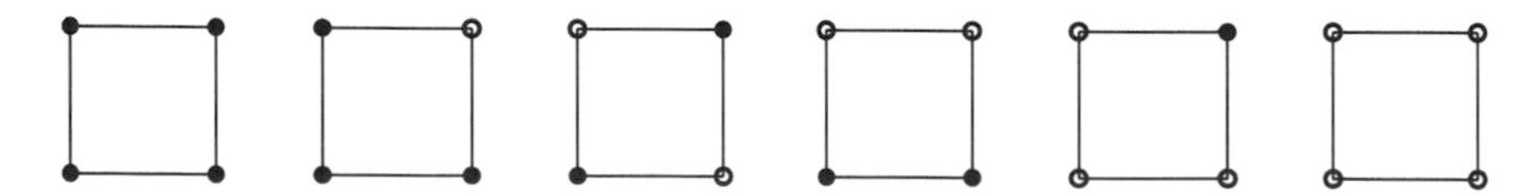

Abb. 1.1 Die Halsketten mit vier Perlen und zwei Farben

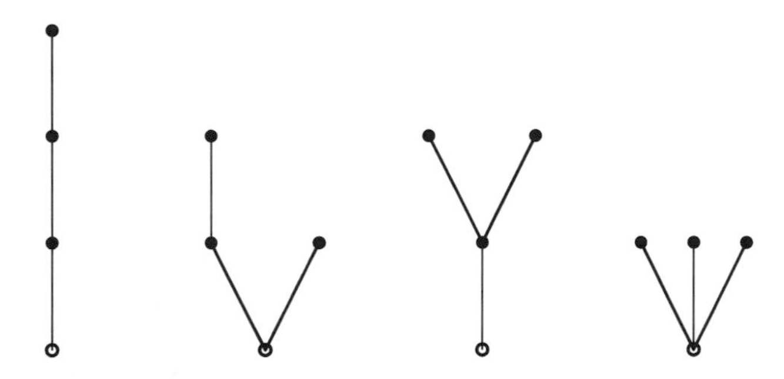

Abb. 1.2 Die Wurzelbäume mit vier Knoten (Wurzel ∘)

Die ersten Anzahlen sind $T_1 = 1$, $T_2 = 1$, $T_3 = 2$, $T_4 = 4$ und $T_5 = 9$ (Abb. 1.2). Für die Anzahlpotenzreihe $T(x)$ konnte Pólya mithilfe seines Abzählungsresultats eine Funktionalgleichung herleiten, aus der sich die Anzahlen rekursiv ermitteln lassen.

Algebraische Grundlagen

2

Die algebraischen Grundlagen in diesem Kapitel beziehen sich im Wesentlichen auf die Gruppentheorie als hauptsächliches Hilfsmittel für die Abzählung nach Pólya. Gruppen durchdringen viele Bereiche der Mathematik und Physik. Sie tauchen meist dort auf, wo eine Multiplikation oder Komposition auf einer Menge definiert ist. Gruppen treten etwa als Zahlensysteme, Ansammlungen von Matrizen, Symmetrien von kombinatorischen Objekten sowie als bloße Abbildungsmengen oder in sonstiger Verkleidung auf. Die Theorie enthält viele aufregende, tiefgründige und erleuchtende Sätze.

In den ersten beiden Abschnitten dieses Kapitels wird eine kurze Einführung in die Gruppentheorie gegeben. Im letzten Abschnitt wird die Gruppentheorie dazu benutzt, um im Hinblick auf die beabsichtigte Abzählungstheorie Symmetrien von kombinatorischen Gebilden zu beschreiben.

2.1 Gruppen

In diesem Abschnitt werden ausgehend vom Gruppenbegriff die für den weiteren Verlauf grundlegenden Permutationsgruppen eingeführt.

Gruppenbegriff

Sei G eine nichtleere Menge. Eine zweistellige Operation auf G ist eine Abbildung $\circ : G \times G \to G$. Eine solche Operation heißt *assoziativ* auf G, wenn für alle Element $f, g, h \in G$ gilt:

$$f \circ (g \circ h) = (f \circ g) \circ h. \tag{2.1}$$

K. Zimmermann, *Abzähltheorie nach Pólya*, essentials,
https://doi.org/10.1007/978-3-658-36498-4_2

Die Menge G bildet eine *Gruppe*, wenn es eine assoziative zweistellige Operation $\circ$ auf G gibt, so dass gilt:

- Es gibt ein Element $e \in G$ mit $g \circ e = g = e \circ g$ für alle $g \in G$, genannt *neutrales Element* von G.
- Zu jedem Element $g \in G$ gibt es ein Element $h \in G$ mit $g \circ h = e = h \circ g$, genannt *Inverses* von g.

Das neutrale Element ist eindeutig bestimmt. Denn bei zwei derartigen Elementen e and e' würde nach Definition gelten: $e = e \circ e' = e'$.

Des Weiteren ist das Inverse eines Gruppenelements eindeutig bestimmt. Seien nämlich $f, h \in G$ zwei Inverse von $g \in G$. Dann folgt: $f = f \circ e = f \circ (g \circ h) = (f \circ g) \circ h = e \circ h = h$. Deshalb kann das Inverse eines Gruppenelements $g \in G$ mit g^{-1} bezeichnet werden. Die binäre Operation $g \circ h$ wird *Multiplikation* genannt und auch als Juxtaposition gh geschrieben.

Lemma 2.1 *Für alle Elemente g, h einer Gruppe G gilt:*

$$(g^{-1})^{-1} = g \quad \textit{und} \quad (g \circ h)^{-1} = h^{-1} \circ g^{-1}. \tag{2.2}$$

Beweis. Da g^{-1} invers zu g und $\left(g^{-1}\right)^{-1}$ invers zu g^{-1} ist, folgt mit der Eindeutigkeit des Inversen sofort $\left(g^{-1}\right)^{-1} = g$.

Es gilt $\left(h^{-1}g^{-1}\right)(gh) = h^{-1}\left(g^{-1}g\right)h = h^{-1}h = e$ und analog $(gh)\left(h^{-1}g^{-1}\right) = e$. Aufgrund der Eindeutigkeit des Inversen ergibt sich $(gh)^{-1} = h^{-1}g^{-1}$. ◇

Die Anzahl der Elemente einer Gruppe G wird *Ordnung* genannt und mit $|G|$ bezeichnet. Ist die Ordnung einer Gruppe endlich, dann heißt die Gruppe *endlich*.

Eine Gruppe G heißt *abelsch* nach dem norwegischen Mathematiker Abel (1802–1829), wenn die Operation *kommutativ* ist, d. h. für alle $g, h \in G$ gilt:

$$g \circ h = h \circ g. \tag{2.3}$$

Beispielsweise sind alle Gruppen mit höchstens vier Elementen abelsch.

Eine Möglichkeit der Darstellung einer endlichen Gruppe bietet eine Multiplikationstabelle. Ist $G = \{g_1, \ldots, g_n\}$ eine Gruppe, dann ist die *Multiplikationstabelle* von G eine $n \times n$-Matrix mit den Einträgen $g_i g_j$, $1 \leq i, j \leq n$:

	g_1	$\dots$	g_j	$\dots$	g_n
g_1			$g_1 g_j$		
			$\vdots$		
g_i	$g_i g_1$	$\dots$	$g_i g_j$	$\dots$	$g_i g_n$
			$\vdots$		
g_n			$g_n g_j$		

Satz 2.2 *Die Multiplikationstabelle einer endlichen Gruppe G ist ein lateinisches Quadrat, d. h. jedes Gruppenelement kommt in jeder Zeile und in jeder Spalte genau einmal vor.*

Beweis. Die i-te Zeile der Tabelle besteht aus den Elementen $g_i g_1, \ldots, g_i g_n$. Jedes Element kommt höchstens einmal in dieser Zeile vor, denn aus $g_i g_j = g_i g_k$ folgt $g_j = g_i^{-1} g_i g_j = g_i^{-1} g_i g_k = g_k$. Jedes Element $g \in G$ kommt mindestens einmal in dieser Zeile vor, denn $g_i \left(g_i^{-1} g\right) = g$. Die Argumentation für die Spalten ist ähnlich. ◇

Beispielsweise ist die Kleinsche Vierergruppe nach dem Erlanger Mathematiker Klein (1849–1925) eine Gruppe $V_4 = \{e, a, b, c\}$ der Ordnung 4 mit der folgenden Multiplikationstabelle:

	e	a	b	c
e	e	a	b	c
a	a	e	c	b
b	b	c	e	a
c	c	b	a	e

(2.4)

Das Element e ist das neutrale Element und alle Elemente sind selbstinvers: $a^{-1} = a, b^{-1} = b$ und $c^{-1} = c$.

Die nichtnegativen Potenzen eines Gruppenelements $g \in G$ werden induktiv definiert:

$$g^0 = e \quad \text{and} \quad g^{n+1} = g \circ g^n, \quad n \geq 1. \tag{2.5}$$

Es folgt: $g^1 = g \circ e = g$.

Die negativen Potenzen werden anhand der positiven Potenzen des Inversen festgelegt:

$$g^{-n} = \left(g^{-1}\right)^n, \quad n \geq 1. \tag{2.6}$$

Bekanntlich bilden die ganzen Zahlen, rationalen Zahlen, reellen Zahlen und komplexen Zahlen zusammen mit der Addition abelsche Gruppen. Auch das direkte Produkt $G \times G'$ zweier Gruppen G und G' ist mit der komponentenweisen Operation eine Gruppe. Weitere Beispiele für Gruppen werden im Verlauf des Textes vorgestellt.

Permutationen

Permutationen spielen bei der Abzählung von Mustern eine zentrale Rolle. Sei X eine nichtleere Menge. Eine *Permutation* von X ist eine bijektive Abbildung $\sigma : X \to X$. Beispielsweise ist die identische Abbildung $\mathrm{id}_X : X \to X : x \mapsto x$ eine Bijektion. Im wichtigen Spezialfall $X = [n] = \{1, \ldots, n\}$ wird eine Permutation σ oft anhand einer $2 \times n$-Matrix dargestellt:

$$\sigma = \begin{pmatrix} 1 & 2 & \ldots & n \\ \sigma(1) & \sigma(2) & \ldots & \sigma(n) \end{pmatrix}. \tag{2.7}$$

Da die Abbildung σ bijektiv ist, kommt jedes Element von $[n]$ genau einmal in der zweiten Zeile (Bildzeile) der Matrix vor. Eine Permutation von $[n]$ wird auch Permutation vom *Grad n* genannt.

Das Inverse einer Permutation σ von $[n]$ ist wiederum eine Permutation von $[n]$. Diese kann leicht aus der zweireihigen Darstellung von σ ermittelt werden. Hierzu werden zunächst die beiden Zeilen vertauscht, also $\begin{pmatrix} \sigma(1) & \sigma(2) & \ldots & \sigma(n) \\ 1 & 2 & \ldots & n \end{pmatrix}$, und anschließend die Spalten so umgeordnet, dass die erste Zeile wieder in aufsteigender Form vorliegt.

Beispielsweise besitzt die Permutation $\sigma = \begin{pmatrix} 1 & 2 & 3 & 4 \\ 2 & 3 & 4 & 1 \end{pmatrix}$ die Inverse $\sigma^{-1} = \begin{pmatrix} 2 & 3 & 4 & 1 \\ 1 & 2 & 3 & 4 \end{pmatrix} = \begin{pmatrix} 1 & 2 & 3 & 4 \\ 4 & 1 & 2 & 3 \end{pmatrix}$.

Sind ρ und σ Permutationen vom Grad n, dann ist das zugehörige Produkt $\rho\sigma$ durch die Komposition der beiden Abbildungen definiert:

$$\rho\sigma(x) = \rho(\sigma(x)) \quad \text{für alle } x \in [n]. \tag{2.8}$$

Liegen zwei Permutationen ρ und σ vom Grad n in zweireihiger Form vor, dann gilt für deren Produkt:

$$\rho\sigma = \begin{pmatrix} 1 & 2 & \ldots & n \\ \rho(1) & \rho(2) & \ldots & \rho(n) \end{pmatrix} \begin{pmatrix} 1 & 2 & \ldots & n \\ \sigma(1) & \sigma(2) & \ldots & \sigma(n) \end{pmatrix} = \begin{pmatrix} 1 & 2 & \ldots & n \\ \rho(\sigma(1)) & \rho(\sigma(2)) & \ldots & \rho(\sigma(n)) \end{pmatrix}. \tag{2.9}$$

Die Komposition von Permutationen ist wiederum eine Permutation.

Beispielsweise ergibt sich für die Permutationen $\rho = \begin{pmatrix} 1 & 2 & 3 & 4 \\ 2 & 1 & 4 & 3 \end{pmatrix}$ und $\sigma = \begin{pmatrix} 1 & 2 & 3 & 4 \\ 2 & 3 & 4 & 1 \end{pmatrix}$ durch Komposition $\rho\sigma = \begin{pmatrix} 1 & 2 & 3 & 4 \\ 1 & 4 & 3 & 2 \end{pmatrix}$, wobei folgende Schritte durchlaufen werden: $1 \mapsto \sigma(1) = 2 \mapsto \rho(\sigma(1)) = \rho(2) = 1$, $2 \mapsto \sigma(2) = 3 \mapsto \rho(\sigma(2)) = \rho(3) = 4$, $3 \mapsto \sigma(3) = 4 \mapsto \rho(\sigma(3)) = \rho(4) = 3$ und $4 \mapsto \sigma(4) = 1 \mapsto \rho(\sigma(4)) = \rho(1) = 2$.

Permutationen können auch durch Zyklen beschrieben werden. Um die Zyklendarstellung einer Permutation σ vom Grad n zu erhalten, wird diese sukzessive auf die Elemente $x \in [n]$ angewandt:

$$\left(x, \sigma(x), \sigma^2(x), \ldots\right). \tag{2.10}$$

Da die Menge $[n]$ endlich ist, gibt es kleinste Zahlen $0 \leq i < j$ mit $\sigma^i(x) = \sigma^j(x)$, mithin $x = \sigma^{j-i}(x)$. Die Folge in (2.10) kann also in der Form

$$\left(x, \sigma(x), \ldots, \sigma^k(x)\right) \tag{2.11}$$

repräsentiert werden, wobei $k \geq 0$ die kleinste Zahl ist mit $\sigma^{k+1}(x) = x$. Diese Folge wird *Zyklus* von x unter σ genannt. Der Zyklus in (2.11) hat die *Länge* $k + 1$ und wird auch als $(k + 1)$-*Zyklus* bezeichnet.

Das vorgestellte Verfahren wird solange fortgesetzt, bis die Zyklen aller Elemente von $[n]$ unter σ bestimmt sind. Jedes Element von $[n]$ kommt in höchstens einem Zyklus vor, weil die Abbildung σ injektiv ist und damit die Situation $\sigma = \ldots(\ldots, x, z, \ldots)(\ldots, y, z, \ldots)\ldots$ nicht möglich ist. Ferner tritt jedes Element von $[n]$ per Konstruktion in wenigstens einem Zyklus auf. Also kann jede Permutation als Produkt von disjunkten Zyklen geschrieben werden. Zyklen der Länge 1 heißen *Fixpunkte* und Zyklen der Länge 2 *Transpositionen.* Wenn der Grad einer Permutation bekannt ist, können die Fixpunkte in der Zyklennotation weggelassen werden. Insbesondere wird die identische Abbildung $\mathrm{id} : [n] \to [n]$ sowohl durch die Fixpunktfolge $(1)(2)\ldots(n)$ als auch durch das leere Klammerpaar () repräsentiert. Eine Permutation ist invariant sowohl unter der Vertauschung von Zyklen als auch unter einer zyklischen Verschiebung innerhalb eines Zyklus'; beispielsweise beschreiben die drei Zyklendarstellungen $(1, 2, 4, 7)(3, 5, 6)$, $(2, 4, 7, 1)(5, 6, 3)$ und $(3, 5, 6)(1, 2, 4, 7)$ dieselbe Permutation vom Grad 7.

Jeder Zyklus kann als Produkt von Transpositionen geschrieben werden, denn für alle $x_1, \ldots, x_k \in [n]$ gilt:

$$(x_1, x_2, \ldots, x_k) = (x_1, x_k) \ldots (x_1, x_2)\,, \tag{2.12}$$

wobei die Komposition stets von rechts nach links anzuwenden ist. Folglich kann jede Permutation als Produkt von Transpositionen repräsentiert werden. Allerdings ist diese Darstellung nicht eindeutig, denn es gilt etwa $(1, 3)(1, 2) = (1, 2, 3) = (1, 2)(2, 3)$.

Das *Signum* einer Permutation σ wird festgesetzt durch

$$\operatorname{sgn}(\sigma) = (-1)^k, \tag{2.13}$$

wobei die Permutation σ als Produkt von k Transpositionen repräsentiert werden kann. Diese Definition macht Sinn, denn eine als Produkt von k und l Transpositionen darstellbare Permutation hat die Eigenschaft, dass beide Zahlen k und l entweder beide gerade oder beide ungerade sind. Eine Permutation σ heißt *gerade*, wenn $\operatorname{sgn}(\sigma) = 1$ und *ungerade* andernfalls.

Beispielsweise hat die Permutation $\sigma = \begin{pmatrix} 1 & 2 & 3 & 4 & 5 & 6 & 7 \\ 2 & 4 & 5 & 7 & 3 & 6 & 1 \end{pmatrix}$ die Zyklendarstellung $\sigma = (1, 2, 4, 7)(3, 5) = (1, 7)(1, 4)(1, 2)(3, 5)$ und ist deshalb wegen $\operatorname{sgn}(\sigma) = (-1)^4 = 1$ eine gerade Permutation.

Eine Permutation σ von $[n]$ besitzt den *Typ* $[l_1(\sigma), l_2(\sigma), \ldots, l_n(\sigma)]$, wenn sie $l_k(\sigma)$ disjunkte Zyklen der Länge k besitzt, $1 \leq k \leq n$. Hat die Permutation σ genau $l(\sigma)$ disjunkte Zyklen, dann gilt:

$$l(\sigma) = \sum_{k=1}^{n} l_k(\sigma) \quad \text{und} \quad n = \sum_{k=1}^{n} k \cdot l_k(\sigma). \tag{2.14}$$

Die Zahl $l(\sigma)$ heißt die *Zyklenzahl* von σ.

Beispielsweise hat die Permutation $\sigma = (1, 2, 4)(3, 5)(6, 7)(8)$ vom Grad 8 die Zyklenzahl 4 und den Typ $[1, 2, 1, 0, 0, 0, 0, 0]$.

Stirlingzahlen erster Art

Die Stirlingzahlen erster und zweiter Art wurden von Stirling (1692–1770) für kombinatorische Untersuchungen eingeführt. Die Stirlingzahlen erster Art zählen Permutationen eines Grades hinsichtlich der Anzahl der Zyklen ab. Die *Stirlingzahl erster Art* $s(n, k)$ bezeichnet die Anzahl der Permutationen vom Grad n, welche die Zyklenzahl k besitzen. Diese Zahlen lassen sich rekursiv berechnen.

Satz 2.3 *Seien $k, n \geq 1$ ganze Zahlen*

- $s(n, k) = 0$, *wenn* $k > n$.
- $s(n, n) = 1$.
- $s(n, 1) = (n-1)!$.
- *Für alle* $n > k > 1$ *gilt:* $s(n, k) = s(n-1, k-1) + (n-1) \cdot s(n-1, k)$.

Beweis. Eine Permutation vom Grad n kann nach (2.14) höchstens n disjunkte Zyklen besitzen, woraus $s(n, k) = 0$ für $k > n$ folgt. Es gibt genau eine Permutation vom Grad n mit n disjunkten Zyklen, die identische Abbildung. Die Permutationen vom Grad n mit einem einzigen Zyklus können durch zyklische Verschiebung so geschrieben werden, dass die Zahl n an der letzten Position festgehalten wird. Dadurch ergeben sich $(n-1)!$ Permutationen.

Sei $n > k > 1$. Die Menge aller Permutationen vom Grad n kann unterteilt werden in die Menge A der Permutationen mit n als Fixpunkt und in die Menge B der restlichen Permutationen, in denen n eben kein Fixpunkt ist. Die Menge A korrespondiert genau zu den Permutationen vom Grad $n-1$ mit $k-1$ Zyklen und hat deshalb die Mächtigkeit $s(n-1, k-1)$. Die Menge B ist assoziiert mit der Menge der Permutationen vom Grad $n-1$ mit k disjunkten Zyklen. Es gibt $n-1$ Wege, die Zahl n in einer solchen Permutation zu platzieren, wodurch B die Mächtigkeit $(n-1) \cdot s(n-1, k)$ besitzt. Da die Mengen A und B disjunkt sind, ist $s(n, k)$ nach dem Additionsprinzip als die Summe der Mächtigkeiten von A und B gegeben. ◇

Beispielsweise gibt es elf Permutationen vom Grad 4 mit der Zyklenzahl 2:

$$(1, 2, 3)(4),\ (1, 3, 2)(4),\ (1, 2, 4)(3),\ (1, 4, 2)(3),\ (1, 3, 4)(2),\ (1, 4, 3)(2),$$
$$(2, 3, 4)(1),\ (2, 4, 3)(1),\ (1, 2)(3, 4),\ (1, 3)(2, 4),\ (1, 4)(2, 3).$$

Diese Anzahl kann mit obiger Rekursionsformel berechnet werden: $s(3, 2) = s(2, 1) + 2 \cdot s(2, 2) = 1! + 2 \cdot 1 = 3$ und somit $s(4, 2) = s(3, 1) + 3 \cdot s(3, 2) = 2! + 3 \cdot 3 = 11$.

Symmetrische Gruppen

Symmetrische Gruppen nehmen bei der späteren Musterbestimmung eine wichtige Rolle ein.

Es bezeichne S_X die Menge aller Permutationen von einer Menge X. Das Produkt zweier Permutationen von X ist wiederum eine Permutation von X. Weiter ist die Komposition von Abbildungen assoziativ und die identische Abbildung id_X hat die Eigenschaft $\sigma\, \mathrm{id}_X = \sigma = \mathrm{id}_X\, \sigma$ für alle Permutationen σ von X. Darüber hinaus ist jede Permutation von X bijektiv und hat somit ein Inverses, das ebenfalls eine Permutation von X darstellt. Somit ergibt sich das folgende Resultat.

Satz 2.4 *Die Menge S_X bildet eine Gruppe mit der Komposition von Permutationen von X und der identischen Abbildung id_X als neutralem Element.*

Die Gruppe S_X wird *symmetrische Gruppe* von X genannt. Im Falle $X = [n]$ wird S_n als *symmetrische Gruppe vom Grad n* bezeichnet und ihre Elemente heißen *Permutationen vom Grad n*.

Satz 2.5 *Die symmetrische Gruppe S_n hat die Ordnung $n!$.*

Beweis. Die Zahl 1 kann auf n verschiedene Zahlen abgebildet werden, die Zahl 2 dann nur noch auf $n-1$ verschiedene Zahlen. Auf diese Weise fortfahrend ergibt sich $|S_n| = n \cdot (n-1) \cdot \ldots \cdot 1 = n!$. ◇

Die Gruppe S_1 besteht aus der identischen Abbildung $[1] \to [1] : 1 \mapsto 1$, die Gruppe S_2 setzt sich aus den Permutationen $\mathrm{id} = ()$ und $\sigma = (12)$ zusammen. Für $n \geq 3$ ist die Gruppe S_n nichtabelsch.

Beispielsweise hat die symmetrische Gruppe S_3 folgende Elemente:

$$\mathrm{id} = \begin{pmatrix} 1 & 2 & 3 \\ 1 & 2 & 3 \end{pmatrix} = (), \qquad \sigma_1 = \begin{pmatrix} 1 & 2 & 3 \\ 3 & 1 & 2 \end{pmatrix} = (1,3,2), \; \sigma_2 = \begin{pmatrix} 1 & 2 & 3 \\ 2 & 3 & 1 \end{pmatrix} = (1,2,3),$$
$$\tau_1 = \begin{pmatrix} 1 & 2 & 3 \\ 1 & 3 & 2 \end{pmatrix} = (1)(2,3), \; \tau_2 = \begin{pmatrix} 1 & 2 & 3 \\ 3 & 2 & 1 \end{pmatrix} = (1,3)(2), \; \tau_3 = \begin{pmatrix} 1 & 2 & 3 \\ 2 & 1 & 3 \end{pmatrix} = (1,2)(3).$$

Diese beschreiben die Drehungen id, σ_1, σ_2 und Spiegelungen τ_1, τ_2, τ_3 eines gleichseitigen Dreiecks. Dabei ist σ_1 die Drehung des Dreiecks um 120° im positiven Sinn (entgegen des Uhrzeigersinns) und $\sigma_2 = \sigma_1^2$ die entsprechende Drehung um 240°. Weiter repräsentiert etwa τ_1 die Spiegelung des Dreiecks an der durch die Ecke 1 und den Schwerpunkt des Dreiecks gehenden Achse (Abb. 2.1).

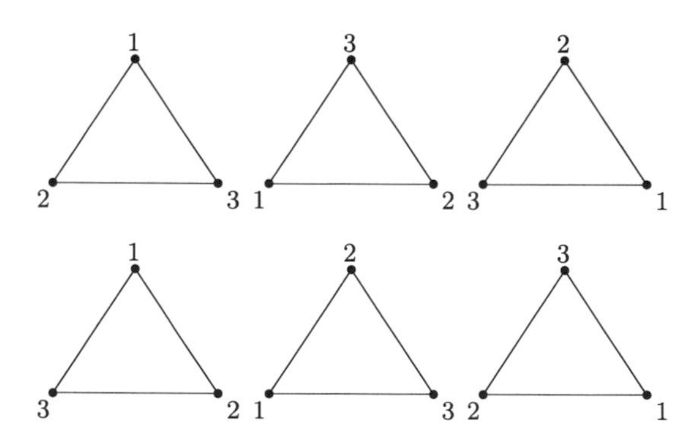

Abb. 2.1 Wirkungen der Drehungen und Spiegelungen auf ein gleichseitiges Dreieck (oben links): id, σ_1, σ_2 (erste Zeile) und $\tau_1, \tau_1\sigma_1, \tau_1\sigma_2$ (zweite Zeile)

2.2 Untergruppen und Homomorphismen

Untergruppen und Homomorphismen spielen bei Strukturuntersuchungen von Gruppen eine zentrale Rolle. Die Ausführungen gipfeln im Satz von Cayley über die Darstellbarkeit von abstrakten Gruppen durch Permutationsgruppen.

Untergruppen
Sei G eine Gruppe. Eine nichtleere Teilmenge U von G bildet eine *Untergruppe* von G, wenn die Menge U mit der auf der Gruppe G definierten Operation selbst eine Gruppe ist. Dies ist genau dann der Fall, wenn folgende Eigenschaften gelten:

- *Abgeschlossenheit:* $gh \in U$ für alle $g, h \in U$.
- *Existenz des Inversen:* $g^{-1} \in U$ für alle $g \in U$.

Das neutrale Element $e \in G$ liegt stets in U, denn die Menge U ist nichtleer und enthält daher ein Element $g \in U$. Für dieses Element folgt dann aus den beiden Bedingungen sofort $e = gg^{-1} \in U$.

Jede Gruppe G besitzt zwei *triviale* Untergruppen, die Gruppe G selbst und die aus dem neutralen Element bestehende *Einheitsgruppe* $\{e\}$.

Beispielsweise hat die Kleinsche Vierergruppe V_4 neben den trivialen Untergruppen noch die Untergruppen $\{e, a\}$, $\{e, b\}$ und $\{e, c\}$.

Ein wichtiges Konzept ist das der erzeugten Untergruppe. Sei X eine Teilmenge einer Gruppe G. Das *Erzeugnis* von X in G ist definiert durch

$$\langle X \rangle = \left\{ x_1 \cdots x_k \mid x_i \in X \text{ oder } x_i^{-1} \in X, k \geq 0 \right\}. \tag{2.15}$$

Beispielsweise gilt $\langle \emptyset \rangle = \{e\}$ und $\langle \{g\} \rangle = \{g^m \mid m \in \mathbb{Z}\}$.

Lemma 2.6 *Sei X eine Teilmenge einer Gruppe G. Das Erzeugnis $\langle X \rangle$ bildet eine Untergruppe von G, die kleinste Untergruppe von G, welche die Menge X enthält.*

Beweis. Das Produkt zweier Ausdrücke in $\langle X \rangle$ ist wiederum ein Ausdruck derselben Art. Also ist die Menge $\langle X \rangle$ unter Multiplikation abgeschlossen. Zudem liegt das neutrale Element bei der Wahl von $k = 0$ in $\langle X \rangle$. Das Inverse eines Elements $x_1 \cdots x_k$ in $\langle X \rangle$ ist wegen (2.2) durch $x_k^{-1} \cdots x_1^{-1}$ gegeben und gehört somit ebenfalls zur Menge $\langle X \rangle$. Schließlich muss jede die Menge X enthaltende Untergruppe von G auch alle Elemente von $\langle X \rangle$ umfassen. $\diamond$

Die Gruppe $U = \langle X \rangle$ heißt die von X erzeugte Untergruppe von G und X wird als ein *Erzeugendensystem* von U bezeichnet. Eine Gruppe G heißt *endlich erzeugt*, wenn sie ein endliches Erzeugendensystem $X = \{x_1, \ldots, x_n\}$ besitzt; dann wird auch $G = \langle x_1, \ldots, x_n \rangle$ geschrieben.

Satz 2.7 *Sei $n \geq 2$. Die symmetrische Gruppe S_n wird durch die Elemente $(1, 2)$ und $(1, 2, \ldots, n)$ erzeugt.*

Beweis. Seien $\sigma = (1, 2, \ldots, n)$ und $\tau = (1, 2)$. Dann folgt $\tau^{-1}\sigma\tau = (2, 3)$, $\tau^{-2}\sigma\tau^2 = (3, 4)$ und so weiter. Also enthält die Untergruppe $U = \langle \sigma, \tau \rangle$ die Transpositionen $(1, 2)$, $(2, 3), \ldots, (n-1, n)$. Weiter gilt $(1, j) = (1, j-1)(j-1, j)(1, j-1)$ und daher $(1, 3) = (1, 2)(2, 3)(1, 2)$, $(1, 4) = (1, 3)(3, 4)(1, 3)$ und so weiter. Folglich enthält die Untergruppe U auch die Transpositionen $(1, 2), (1, 3), \ldots, (1, n)$. Ferner gilt $(i, j) = (1, i)(1, j)(1, i)$ für alle $i \neq j$. Also enthält die Untergruppe U sämtliche Transpositionen von S_n. Da jedes Element von S_n durch ein Produkt von Transpositionen darstellbar ist, folgt $S_n = U$. ◇

Eine Untergruppe der symmetrischen Gruppe S_X wird *Permutationsgruppe von* X genannt; speziell heißt eine Untergruppe der symmetrischen Gruppe S_n auch *Permutationsgruppe vom Grad n*.

Beispielsweise hat die Permutationsgruppe $G = \langle (1, 2), (1, 2, 3)(4, 5) \rangle$ vom Grad 5 die Ordnung 12 und besitzt folgende Elemente: $()$, $(1, 2)$, $(1, 3)$, $(2, 3)$, $(4, 5)$, $(1, 2, 3)$, $(1, 3, 2)$, $(1, 2)(4, 5)$, $(1, 3)(4, 5)$, $(2, 3)(4, 5)$, $(1, 2, 3)(4, 5)$ und $(1, 3, 2)(4, 5)$.

Zyklische Gruppen

Die zyklischen Gruppen stellen eine wichtige Klasse von Gruppen dar. Eine *zyklische Gruppe* ist eine Gruppe G, die von einem einzigen Element $g \in G$ erzeugt wird, d. h.

$$G = \langle g \rangle = \left\{ g^m \mid m \in \mathbb{Z} \right\}. \tag{2.16}$$

Beispielsweise ist die von einem n-Zyklus erzeugte Permutationsgruppe $\langle (1, 2, \ldots, n) \rangle$ eine zyklische Gruppe der Ordnung n.

Satz 2.8 *Jede Untergruppe einer zyklischen Gruppe ist zyklisch.*

Beweis. Sei $G = \langle g \rangle$ eine zyklische Gruppe und U eine Untergruppe von G. Da die Gruppe $U = \{e\}$ zyklisch ist, kann $U \neq \{e\}$ angenommen werden.

Sei $u \in U$ mit $u \neq e$. Dann gibt es ein $m \in \mathbb{Z}$ mit $u = g^m$ und somit $u^{-1} = g^{-m} \in U$. Also existiert eine kleinste Zahl $n \geq 1$ mit $g^n \in U$. Sei g^m ein beliebiges Element von U. Durch Division mit Rest ergibt sich $m = qn + r$ mit $q \in \mathbb{Z}$ und $0 \leq r < n$. Also folgt $g^r = g^{m-qn} = g^m (g^n)^{-q} \in U$. Da n minimal gewählt ist, ergibt sich $r = 0$ und daher $g^m = (g^n)^q$. Folglich ist $U \subseteq \langle g^n \rangle$. Umgekehrt liegt g^n in U, woraus nach Lemma 2.6 sofort $\langle g^n \rangle \subseteq U$ folgt, mithin $U = \langle g^n \rangle$. ◇

Sei G eine Gruppe. Die *Ordnung* eines Elements $g \in G$ ist die Ordnung der von g erzeugten Untergruppe $\langle g \rangle$ von G. Das neutrale Element hat die Ordnung 1. Die Ordnung eines Elements $g \in G$ ist entweder unendlich oder gleich der kleinsten Zahl $n \geq 0$ mit $g^n = e$. Im zweiten Fall hat die zyklische Gruppe $\langle g \rangle = \{g, g^2, \ldots, g^n = e\}$ die Ordnung n und wird mit C_n bezeichnet.

Wenn ein Element $g \in G$ die Ordnung n besitzt, dann hat das Element g^m mit $m \in \mathbb{Z}$ die Ordnung

$$\frac{n}{\mathrm{ggT}(m, n)}, \tag{2.17}$$

wobei $\mathrm{ggT}(m, n)$ den größten gemeinsamen Teiler der Zahlen m und n bezeichnet. Folglich gilt $\langle g \rangle = \langle g^m \rangle$ genau dann, wenn die Element g und g^m dieselbe Ordnung besitzen, d. h. m und n *teilerfremd* sind, d. h. $\mathrm{ggT}(m, n) = 1$.

Die *eulersche phi-Funktion* nach Euler (1707–1783) liefert zu jeder ganzen Zahl $n \geq 1$ die Anzahl $\phi(n)$ der ganzen Zahlen $1, \ldots, n-1$, die teilerfremd zu n sind.

Satz 2.9 *Für jede ganze Zahl $n \geq 2$ gilt:*

$$\phi(n) = n \prod \left(1 - \frac{1}{p}\right), \tag{2.18}$$

wobei das Produkt über alle Primzahlen p zu nehmen ist, die n teilen.

Beweis. Für jede Primzahl p gilt $\phi(p) = p - 1$, denn eine Primzahl p ist im Bereich $1, \ldots, p-1$ nur durch 1 teilbar. Für jede Primzahlpotenz p^r gilt $\phi(p^r) = p^r - p^{r-1} = p^r(1 - 1/p)$, denn im Bereich $1, \ldots, p^r - 1$ sind genau die Nichtvielfachen von p teilerfremd zu p^r. Für verschiedene Primzahlen p und q gilt $\phi(pq) = \phi(p)\phi(q)$, denn im Bereich $1, \ldots, pq-1$ sind genau diejenigen Zahlen teilerfremd zu pq, die nicht Vielfache von p oder q sind. Mit diesen Überlegungen ergibt sich für jede Zahl $n \geq 2$ mit Primfaktorzerlegung $n = p_1^{r_1} \cdots p_k^{r_k}$ sofort

$$\phi(n) = \prod_{i=1}^{k} \phi\left(p_i^{r_i}\right) = \prod_{i=1}^{k} p_i^{r}\left(1 - \frac{1}{p_i}\right) = n \prod_{i=1}^{k}\left(1 - \frac{1}{p_i}\right).$$

◇

Beispielsweise hat die Zahl 360 die Primfaktorzerlegung $360 = 2^3 3^2 5$, woraus durch Anwendung von (2.18) folgt: $\phi(360) = 360 \cdot (1 - 1/2) \cdot (1 - 1/3) \cdot (1 - 1/5) = 96$.

Mit den erarbeiteten Mitteln kann folgende Aussage gezeigt werden.

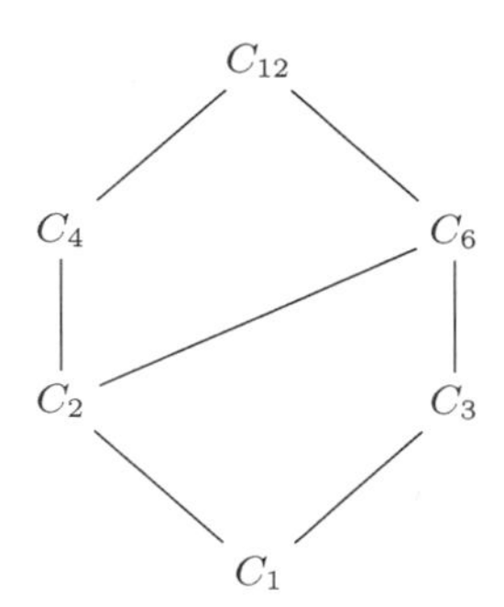

Abb. 2.2 Verband der Untergruppen von C_{12}

Satz 2.10 *Sei G eine zyklische Gruppe der Ordnung n. Zu jedem positiven Teiler d von n gibt es genau eine Untergruppe der Ordnung d.*

Beispielsweise besitzt die zyklische Gruppe $C_{12} = \langle(1, 2, \ldots, 12)\rangle$ die folgenden echten Untergruppen: $C_1 = \{()\}$, $C_2 = \langle(1, 7)(2, 8)(3, 9)(4, 10)(5, 11)(6, 12)\rangle$, $C_3 = \langle(1, 9, 5)(2, 10, 6)(3, 11, 7)(4, 12, 8)\rangle$, $C_4 = \langle(1, 4, 7, 10)(2, 5, 8, 11)(3, 6, 9, 12)\rangle$ und $C_6 = \langle C_2 \cup C_3\rangle$ (Abb. 2.2).

Mengentheoretische Partitionen

Mengentheoretische Partitionen spielen bei der Untersuchung von Untergruppen eine wichtige Rolle. Eine *(mengentheoretische) Partition* einer nichtleeren endlichen Menge A ist ein aus Teilmengen der Menge A bestehendes Mengensystem $\{A_1, \ldots, A_n\}$ mit folgenden Eigenschaften:

- Die Teilmengen A_i sind nichtleer.
- Die Menge A ist die Vereinigung aller Teilmengen $A_1, \ldots, A_n$, d. h. $A = A_1 \cup \ldots \cup A_n$.
- Die Teilmengen sind paarweise disjunkt, d. h. für alle $i, j \in [n]$ mit $i \neq j$ gilt $A_i \cap A_j = \emptyset$.

Beispielsweise sind die Partitionen der Menge $A = [3]$ durch $\{\{1\}, \{2\}, \{3\}\}$, $\{\{1\}, \{2, 3\}\}$, $\{\{2\}, \{1, 3\}\}$, $\{\{3\}, \{1, 2\}\}$ und $\{\{1, 2, 3\}\}$ gegeben.

Eine Partition einer Menge A kann gleichwertig durch eine Äquivalenzrelation auf A beschrieben werden. Eine *Äquivalenzrelation* auf einer nichtleeren Menge A ist eine zweistellige Relation $R \subseteq A \times A$, die folgende Eigenschaften erfüllt:

- A ist *reflexiv*, d. h. für alle $a \in A$ gilt $(a, a) \in R$.
- A ist *symmetrisch*, d. h. für alle $a, b \in A$ folgt aus $(a, b) \in R$ auch $(b, a) \in R$.
- A ist *transitiv*, d. h. für alle $a, b, c \in A$ ergibt sich aus $(a, b) \in R$ und $(b, c) \in R$ sofort $(a, c) \in R$.

Bei gegebener Äquivalenzrelation R auf A kann zu jedem Element $a \in A$ die zugehörige *Äquivalenzklasse* gebildet werden: $\bar{a} = \{b \in A \mid (a, b) \in R\}$; diese besteht aus allen zu $a \in A$ äquivalenten Elementen von A. Diese Äquivalenzklassen lassen sich zu einem Mengensystem, der *Quotientenmenge* von R über A, zusammenfassen: $A_R = \{\bar{a} \mid a \in A\}$. Die Quotientenmenge A_R ist stets eine Partition von A.

Beispielsweise ist durch die Relation $R = \{(1, 1), (1, 2), (2, 1), (2, 2), (3, 3)\}$ auf $A = [3]$ eine Äquivalenzrelation gegeben. Die zugehörigen Äquivalenzklassen sind $\bar{1} = \bar{2} = \{1, 2\}$, $\bar{3} = \{3\}$ und die Quotientenmenge ist $A_R = \{\{1, 2\}, \{3\}\}$.

Satz von Lagrange

Der Satz von Lagrange (1736–1813) liefert eine wichtige Verbindung zwischen der Ordnung einer Gruppe und der Ordnung ihrer Untergruppen.

Satz 2.11 *(**Lagrange**) Ist G eine endliche Gruppe und U eine Untergruppe von G, dann gilt:*

$$|G| = [G : U] \cdot |U|,$$

wobei die Zahl $[G : U]$ als Index *von U in G bezeichnet wird.*

Beweis. Die zweistellige Relation auf G (in Infix-Notation), gegeben durch

$$g \equiv h \quad :\Longleftrightarrow \quad g^{-1}h \in U \tag{2.19}$$

für alle $g, h \in G$, stellt eine Äquivalenzrelation auf G dar. Für die Äquivalenzklasse von $g \in G$ gilt:

$$gU = \{gu \mid u \in U\}\,. \tag{2.20}$$

Die Linksmultiplikation $\ell_g : U \to gU : u \mapsto gu$ ist eine Bijektion, weshalb alle Äquivalenzklassen dieselbe Mächtigkeit besitzen. Bezeichnen $U = g_1U, g_2U, \ldots, g_kU$ die verschiedenen Äquivalenzklassen, dann gilt (als disjunkte Vereinigung):

$$G = g_1U \cup g_2U \cup \ldots \cup g_kU\,.$$

Daraus folgt $|G| = k \cdot |U|$, wobei $k = [G : U]$ die Anzahl der Äquivalenzklassen bezeichnet. ◇

Die Äquivalenzklassen gU mit $g \in G$ werden auch *Linksnebenklassen* von U in G genannt. Die Menge aller Linksnebenklassen von U in G wird mit G/U bezeichnet.

Wird die Äquivalenzrelation (2.19) durch $gh^{-1} \in U$ festgelegt, so ergeben sich die *Rechtsnebenklassen* $Uh = \{uh \mid u \in U\}$, $h \in G$, von U in G. Die Menge aller Rechtsnebenklassen von U in G wird mit $G \backslash U$ notiert.

Lemma 2.12 *Ist U eine Untergruppe von G, dann ist die Anzahl der Linksnebenklassen gleich der Anzahl der Rechtsnebenklassen von U in G.*

Beweis. Die Abbildung $\phi : G/U \to G\backslash U : gU \mapsto Ug^{-1}$ ist eine Bijektion zwischen den Nebenklassen. ◇

Folgerung 2.13 *In einer endlichen Gruppe teilt jede Elementordnung die Gruppenordnung.*

Beweis. Sei G eine endliche Gruppe und $g \in G$ ein Element der Ordnung n. Dann bildet die Menge $U = \langle g \rangle = \{g, g^2, \ldots, g^{n-1}, g^n = e\}$ eine Untergruppe von G der Ordnung n. Nach dem Satz von Lagrange ist dann n ein Teiler von $|G|$. ◇

Beispielsweise bildet in der symmetrischen Gruppe S_n die Menge derjeniger Permutationen σ, die das Element n festhalten, d. h. $\sigma(n) = n$, eine Untergruppe U, die mit der symmetrischen Gruppe S_{n-1} identifiziert werden kann. Für den Index von U in S_n gilt: $[S_n : U] = |S_n|/|U| = n!/(n-1)! = n$.

Normalteiler

Der Vollständigkeit halber sollen Normalteiler hier kurz erwähnt werden. Normalteiler sind spezifische Untergruppen, welche die Einführung sogenannter Quotientengruppen ermöglichen.

Eine Untergruppe U von G wird *Normalteiler* von G genannt, wenn für jedes Element $g \in G$ die Linksnebenklasse gU mit der Rechtsnebenklasse Ug übereinstimmt. Die Bedingung $gU = Ug$ kann gleichwertig durch $g^{-1}Ug = U$ ausgedrückt werden. Es ist klar, dass jede Untergruppe einer abelschen Gruppe ein Normalteiler ist. Die trivialen Untergruppen einer Gruppe G sind Normalteiler von G. Eine Gruppe G heißt *einfach*, wenn sie Ordnung ≥ 2 hat und wenn die trivialen Untergruppen die einzigen Normalteiler von G sind.

Beispielsweise ist $U = \langle(1,2)\rangle = \{(), (1,2)\}$ eine Untergruppe der symmetrischen Gruppe S_3. Die Linksnebenklassen sind $U = () \cdot U$, $(2,3) \cdot U$ und $(1,3,2) \cdot U$ und die Rechtsnebenklassen sind U, $U \cdot (2,3)$ und $U \cdot (1,2,3)$. Jedoch gilt $(2,3) \cdot U = \{(2,3), (1,3,2)\}$ und $U \cdot (2,3) = \{(2,3), (1,2,3)\}$. Somit ist die Bedingung für die Gleichheit der Nebenklassen nicht erfüllt, weshalb U kein Normalteiler von S_3 ist.

Für die symmetrische Gruppe S_4 kann festgestellt werden, dass die zyklische Gruppe $C_4 = \langle(1, 2, 3, 4)\rangle$ eine Untergruppe, aber keinen Normalteiler verkörpert, während die Kleinsche Vierergruppe in der Darstellung $V_4 = \{(), (1, 2)(3, 4), (1, 3)(2, 4), (1, 4)(2, 3)\}$ (siehe (2.24)) ein Normalteiler ist.

Homomorphismen

Strukturverträgliche Abbildungen zwischen Gruppen spielen bei der Untersuchung von Gruppen eine wichtige Rolle. Eine Abbildung $\phi : G \to G'$ zwischen zwei Gruppen G und G' ist ein *Homomorphismus*, wenn für alle $g, h \in G$ gilt:

$$\phi(g \circ h) = \phi(g) \circ' \phi(h). \tag{2.21}$$

Lemma 2.14 *Ist $\phi : G \to G'$ ein Homomorphismus, dann gilt $\phi(e) = e'$ für die neutralen Elemente und $\phi\left(g^{-1}\right) = \phi(g)^{-1}$ für jedes $g \in G$.*

Beweis. Es gilt: $e' \circ' \phi(e) = \phi(e) = \phi(e \circ e) = \phi(e) \circ' \phi(e)$. Multiplikation mit $\phi(e)^{-1}$ von rechts liefert $e' = \phi(e)$.

Sei $g \in G$. Es gilt: $e' = \phi(e) = \phi\left(g \circ g^{-1}\right) = \phi(g) \circ' \phi\left(g^{-1}\right)$ und auf ähnliche Weise $e' = \phi\left(g^{-1}\right) \circ' \phi(g)$. Aufgrund der Eindeutigkeit des Inversen folgt $\phi(g)^{-1} = \phi\left(g^{-1}\right)$. ◇

Ein Homomorphismus $\phi : G \to G'$ von Gruppen ist ein *Monomorphismus*, wenn ϕ injektiv ist, ein *Epimorphismus*, wenn ϕ surjektiv ist, ein *Isomorphismus*, wenn ϕ bijektiv ist, ein *Endomorphismus*, wenn $G = G'$, und ein *Automorphismus*, wenn ϕ ein Endo- und Isomorphismus ist. Zwei Gruppen G und G' heißen *isomorph*, wenn es einen Isomorphismus $\phi : G \to G'$ gibt.

Beispielsweise ist die *Signum-Abbildung* $\operatorname{sgn} : S_n \to \{\pm 1\}$ ein Homomorphismus, wobei die Menge $\{\pm 1\}$ mit der Multiplikation rationaler Zahlen eine Gruppe bildet. Sind σ und τ Permutationen vom Grad n, die als Produkte von k bzw. l Transpositionen geschrieben werden können, dann folgt:

$$\operatorname{sgn}(\sigma\tau) = (-1)^{k+l} = (-1)^k(-1)^l = \operatorname{sgn}(\sigma) \cdot \operatorname{sgn}(\tau).$$

Des Weiteren gilt $\operatorname{sgn}(\mathrm{id}) = 1^0 = 1$ und $\operatorname{sgn}(\sigma^{-1}) = \operatorname{sgn}(\sigma)$, denn $\operatorname{sgn}(\sigma^{-1}) \cdot \operatorname{sgn}(\sigma) = \operatorname{sgn}(\sigma^{-1}\sigma) = \operatorname{sgn}(\mathrm{id}) = 1$, wodurch eine Permutation und ihr Inverses dasselbe Signum haben. Demnach ist im Falle $n \geq 2$ die Signum-Abbildung ein Epimorphismus. Etwa haben in der symmetrischen Gruppe S_3 die Drehungen das Signum 1, d. h. $\operatorname{sgn}(\mathrm{id}) = \operatorname{sgn}((1, 2, 3)) = \operatorname{sgn}((1, 3, 2)) = 1$, und die Spiegelungen das Signum -1, d. h. $\operatorname{sgn}((1, 2)) = \operatorname{sgn}((1, 3)) = \operatorname{sgn}((2, 3)) = -1$.

Satz 2.15 *Sei $\phi : G \to G'$ ein Homomorphismus. Das* Bild *von ϕ,* $\mathrm{im}(\phi) = \{\phi(g) \mid g \in G\}$, *ist eine Untergruppe von G'. Der* Kern *von ϕ,* $\ker(\phi) = \{g \in G \mid \phi(g) = e'\}$, *ist ein Normalteiler von G.*

Beweis. Für beliebige $g, h \in G$ gilt $\phi(g) \circ' \phi(h) = \phi(g \circ h) \in \mathrm{im}(\phi)$ und $\phi(g)^{-1} = \phi\left(g^{-1}\right) \in \mathrm{im}(\phi)$. Also bildet die Menge $\mathrm{im}(\phi)$ eine Untergruppe von G'.

Für beliebige $g, h \in \ker(\phi)$ gilt $\phi(g \circ h) = \phi(g) \circ' \phi(h) = e' \circ' e' = e'$ und deshalb $g \circ h \in \ker(\phi)$. Weiter gilt $\phi\left(g^{-1}\right) = \phi(g)^{-1} = e'^{-1} = e'$ und daher $g^{-1} \in \ker(\phi)$. Also ist die Menge $\ker(\phi)$ eine Untergruppe von G. Schließlich gilt für beliebige $g \in G$ und $h \in \ker(\phi)$: $\phi\left(g \circ h \circ g^{-1}\right) = \phi(g) \circ' \phi(h) \circ' \phi\left(g^{-1}\right) = \phi(g) \circ' \phi\left(g^{-1}\right) = \phi\left(g \circ g^{-1}\right) = \phi(e) = e'$, woraus $g \circ h \circ g^{-1} \in \ker(\phi)$ folgt. Somit ist die Untergruppe $\ker(\phi)$ sogar ein Normalteiler von G. ◇

Beispielsweise hat die Signum-Abbildung $\mathrm{sgn} : S_n \to \{\pm 1\}$ den Kern $A_n = \{\sigma \in S_n \mid \mathrm{sgn}(\sigma) = 1\}$. Für $n \geq 2$ ist die Menge A_n ein Normalteiler von S_n mit der Ordnung $n!/2$, genannt die *alternierende Gruppe* vom Grad n; diese besteht aus allen geraden Permutationen vom Grad n. Es gilt: $A_2 = \{()\}$ und $A_3 = \{(), (1, 2, 3), (1, 3, 2)\}$. Für $n \geq 3$ wird A_n von den 3-Zyklen erzeugt und für $n \geq 5$ ist A_n eine einfache Gruppe.

Satz 2.16 *Ein Homomorphismus $\phi : G \to G'$ ist genau dann ein Monomorphismus, wenn* $\ker(\phi) = \{e\}$.

Beweis. Sei ϕ ein Monomorphismus. Es gilt nach Lemma 2.14: $\phi(e) = e'$. Da ϕ injektiv ist, gibt es kein weiteres Element $g \in G$ mit $\phi(g) = e'$. Also folgt $\ker(\phi) = \{e\}$.

Umgekehrt sei ϕ ein Homomorphismus mit $\ker(\phi) = \{e\}$. Seien $g, h \in G$ mit $\phi(g) = \phi(h)$. Dann gilt mit Lemma 2.14: $\phi\left(g \circ h^{-1}\right) = \phi(g) \circ' \phi\left(h^{-1}\right) = \phi(g) \circ' \phi(h)^{-1} = \phi(g) \circ' \phi(g)^{-1} = e'$ und daher $g \circ h^{-1} \in \ker(\phi)$. Also folgt $g \circ h^{-1} = e$ und somit $g = h$. Damit ist ϕ injektiv. ◇

Satz 2.17 *Die Menge aller Automorphismen* $\mathrm{Aut}(G)$ *einer Gruppe G bildet eine Gruppe mit der Komposition von Abbildungen, genannt die* Automorphismengruppe *von G.*

Beweis. Die Komposition von Homomorphismen $\phi, \psi : G \to G$ ist wiederum ein Homomorphismus $\psi\phi : G \to G$. Sind ϕ und ψ bijektiv, dann ist auch die Komposition $\psi\phi$ bijektiv. Also ist die Menge $\mathrm{Aut}(G)$ unter Komposition abgeschlossen. Die Komposition von Abbildungen ist assoziativ, die identische Abbildung $\mathrm{id} : G \to G$ ist das neutrale Element und das Inverse eines Automorphismus $\phi : G \to G$ ist ebenfalls ein Automorphismus. ◇

Zwei Elemente g, h eine Gruppe G heißen *konjugiert*, wenn es ein Element $x \in G$ gibt mit $xgx^{-1} = h$.

Satz 2.18 *Sei G eine Gruppe und $x \in G$. Die Abbildung $\phi_x : G \to G : g \mapsto xgx^{-1}$ ist ein Automorphismen von G.*

Beweis. Die Abbildung ϕ_x ist injektiv, denn aus $\phi_x(g) = \phi_x(h)$ für $g, h \in G$ folgt $xgx^{-1} = xhx^{-1}$ und somit $g = h$. Die Abbildung ϕ_x ist surjektiv, weil $g = x^{-1}hx$ ein Urbild von $h \in G$ ist: $\phi_x(g) = xgx^{-1} = x\left(x^{-1}hx\right)x^{-1} = \left(xx^{-1}\right)h\left(xx^{-1}\right) = h$. Schließlich ist ϕ_x ein Homomorphismus, denn für $g, h \in G$ gilt: $\phi_x(gh) = x(gh)x^{-1} = \left(xgx^{-1}\right)\left(xhx^{-1}\right) = \phi_x(g)\phi_x(h)$. ◇

Die Automorphismen ϕ_x, $x \in G$, werden auch *innere* Automorphismen von G genannt. Die Menge aller inneren Automorphismen von G, $\text{Inn}(G) = \{\phi_x \mid x \in G\}$, bildet einen Normalteiler von $\text{Aut}(G)$.

Satz 2.19 *Sind zwei Mengen X und Y nichtleer und gleichmächtig, dann sind die symmetrischen Gruppen S_X und S_Y isomorph.*

Beweis. Gleiche Mächtigkeit bedeutet nach dem Gleichheitsprinzip, dass es eine Bijektion $f : X \to Y$ gibt. Die Abbildung $\phi : S_X \to S_Y : \sigma \mapsto f\sigma f^{-1}$ ist als Komposition bijektiver Abbildungen ein Isomorphismus. Der Nachweis erfolgt ähnlich wie im Beweis von Satz 2.18. ◇

Der Satz von Cayley

Der zentrale Satz von Cayley (1821–1895) besagt, dass jede Gruppe durch eine Permutationsgruppe dargestellt werden kann.

Satz 2.20 *(Cayley) Jede Gruppe G ist isomorph zu einer Permutationsgruppe.*

Beweis. Betrachte die symmetrische Gruppe

$$S_G = \{f \mid f : G \to G \text{ bijektiv}\}$$

und ordne jedem Element $g \in G$ die folgende *Linksmultiplikation* zu:

$$\ell_g : G \to G : x \mapsto gx. \tag{2.22}$$

Die Menge aller Linksmultiplikationen

$$L(G) = \left\{\ell_g \mid g \in G\right\} \tag{2.23}$$

bildet eine Untergruppe von S_G. Denn für beliebige $g, h, x \in G$ gilt: $\ell_g\ell_h(x) = \ell_g(\ell_h(x)) = \ell_g(hx) = g(hx) = (gh)x = \ell_{gh}(x)$. Also ist die Komposition von Linksmultiplikationen wiederum eine Linksmultiplikation. Damit ergibt sich $\ell_{g^{-1}}\ell_g(x) = \ell_{g^{-1}g}(x) = \ell_e(x) =$

$\mathrm{id}(x)$ und in analoger Weise $\ell_g \ell_{g^{-1}}(x) = \mathrm{id}(x)$. Folglich ist aufgrund der Eindeutigkeit des Inversen ℓ_g^{-1} die zu ℓ_g inverse Linksmultiplikation.

Die Abbildung $\psi : L(G) \to S_G : g \mapsto \ell_g$ ist ein Monomorphismus. Denn für beliebige $g, h \in G$ gilt: $\psi(gh) = \ell_{gh} = \ell_g \ell_h = \psi(g)\psi(h)$. Also ist ψ ein Homomorphismus. Weiter folgt aus $\psi(g) = \mathrm{id}$ sofort $e = \mathrm{id}(e) = \psi(g)(e) = \ell_g(e) = ge$ und daher $g = e$. Also ist ψ nach Satz 2.16 injektiv und das Bild von ψ somit nach Satz 2.15 eine Untergruppe von S_G. ◇

Beispielsweise ist der Kleinschen Vierergruppe $V_4 = \{e, a, b, c\}$ die Gruppe der Linksmultiplikationen $L(V_4) = \{\ell_e, \ell_a, \ell_b, \ell_c\}$ zugeordnet:

$$\begin{aligned} \ell_e &= \begin{pmatrix} e & a & b & c \\ e & a & b & c \end{pmatrix} = (), & \ell_a &= \begin{pmatrix} e & a & b & c \\ a & e & c & b \end{pmatrix} = (e, a)(b, c), \\ \ell_b &= \begin{pmatrix} e & a & b & c \\ b & c & e & a \end{pmatrix} = (e, b)(a, c), & \ell_c &= \begin{pmatrix} e & a & b & c \\ c & b & a & e \end{pmatrix} = (e, c)(a, b). \end{aligned} \tag{2.24}$$

Diese Linksmultiplikationen korrespondieren direkt zu den entsprechenden Zeilen in der Multiplikationstabelle (2.4).

2.3 Symmetriegruppen

Gruppen treten auch als Symmetriegruppen von kombinatorischen Objekten auf. Dabei sind neben ebenen Figuren auch Graphen und plastische Gebilde interessant.

Ebene Figuren

In den folgenden Überlegungen dient die *euklidische Ebene* als Zeichenebene. Sie besteht aus der Menge aller Punkte $\mathbb{R}^2 = \{(x, y) \mid x, y \in \mathbb{R}\}$, wobei der *Abstand* zwischen zwei Punkten $P = (x, y)$ und $P' = (x', y')$ durch den Satz von Pythagoras bestimmt ist:

$$d(P, P') = \sqrt{(x - x')^2 + (y - y')^2}. \tag{2.25}$$

Eine *Isometrie* der euklidischen Ebene ist eine längentreue bijektive Abbildung $\phi : \mathbb{R}^2 \to \mathbb{R}^2$; bei einer *längentreuen* Abbildung ϕ werden zwei Punkte P und P' mit Abstand d auf Bildpunkte $\phi(P)$ und $\phi(P')$ mit demselben Abstand abgebildet.

Beispiele für Isometrien sind Drehungen in einem Punkt um einen bestimmten Winkel gegen den Uhrzeigersinn, Spiegelungen um eine feste Gerade und Translationen anhand eines festen Vektors.

Eine *Figur* ist eine Teilmenge der euklidischen Ebene. Dazu zählen Kreise, Dreiecke, Vierecke und allgemeiner Vielecke, die definitionsgemäß durch einen geschlossenen Streckenzug gebildet werden.

Eine *Deckabbildung* einer Figur ist eine Isometrie, welche die Figur auf sich selbst abbildet. Im Folgenden beziehen sich die Deckabbildungen einer Figur auf die Ecken der Figur. Jede Deckabbildung kann auf diese Weise als Permutation ihrer Eckenmenge beschrieben werden.

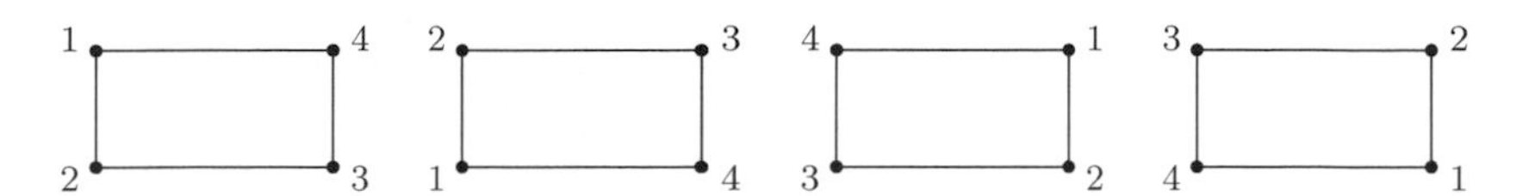

Abb. 2.3 Wirkungen der Kleinschen Vierergruppe auf ein Rechteck (links): id = (), $\sigma_1 = (1,2)(3,4)$, $\sigma_2 = (1,4)(2,3)$ und $\sigma_3 = (1,3)(2,4)$

Beispielsweise sind die Deckabbildungen eines gleichseitigen Dreiecks mit der Eckenmenge [3] durch die Drehungen id, σ_1, σ_2 und die Spiegelungen τ_1, τ_2, τ_3 gegeben (Abb. 2.1).

Satz 2.21 *Die Menge aller Deckabbildungen einer Figur F mit der Eckenmenge* $[n]$ *bildet eine Permutationsgruppe vom Grad n.*

Beweis. Die Komposition von Deckabbildungen einer Figur ist wiederum eine Deckabbildung der Figur. Die Komposition von Abbildungen ist assoziativ, die identische Abbildung ist eine Deckabbildung und das Inverse einer Deckabbildung ist ebenfalls eine Deckabbildung.

Die Gruppe der Deckabbildungen einer Figur F heißt die *Symmetriegruppe* von F. Je größer die Ordnung der Symmetriegruppe einer Figur ist, desto symmetrischer ist die Figur.

Beispielsweise ist die Symmetriegruppe eines gleichseitigen Dreiecks die symmetrische Gruppe S_3 (Abb. 2.1) und die Symmetriegruppe eines Rechtecks die Kleinsche Vierergruppe V_4 (Abb. 2.3).

Reguläre n-Ecke

Bei der mathematischen Behandlung des Halskettenproblems werden Halsketten als reguläre n-Ecke modelliert. Ein *reguläres n-Eck* ist ein Vieleck mit $n \geq 3$ Ecken, das neben gleich langen Kanten auch gleich große Innenwinkel aufweist. Beispielsweise sind die gleichseitigen Dreiecke die regulären Dreiecke und die Quadrate die regulären Vierecke.

Im Folgenden wird ein reguläres n-Eck als Figur so in die euklidische Ebene eingebettet, dass ihr Schwerpunkt mit dem Nullpunkt $(0, 0)$ zur Deckung kommt. Ferner wird die Eckenmenge eines regulären n-Ecks mit $[n]$ bezeichnet, wobei die Ecken fortlaufend entlang der Kanten der Figur nummeriert werden (Abb. 2.4).

Abb. 2.4 Ein Quadrat in der euklidischen Ebene

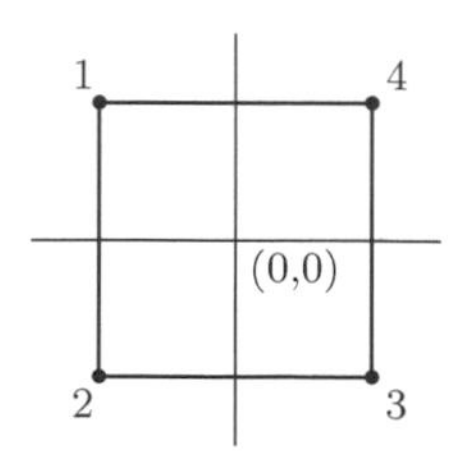

Mit diesen Festlegungen kann die Symmetriegruppe eines regulären n-Ecks ermittelt werden:

- Eine *Drehung* eines regulären n-Ecks im Nullpunkt um den Winkel $2\pi/n$ wird durch den n-Zyklus $\sigma = (1, n, \ldots, 2)$ bewirkt. Folglich wird die Drehung um den Winkel $2k\pi/n$ mit $k \geq 1$ anhand der Potenz σ^k beschrieben. Insbesondere gilt: $\sigma^n = \mathrm{id}$.
- Bei Spiegelungen eines regulären n-Ecks sind zwei Fälle zu unterscheiden:
  - Ist n gerade, dann wird eine *Spiegelung* um die durch die Ecken 1 und $\frac{n}{2}+1$ verlaufende Achse bewirkt:

$$\tau = (1)\left(\frac{n}{2} + 1\right)(2, n) \ldots \left(\frac{n}{2}, \frac{n}{2} + 2\right). \tag{2.26}$$

  Diese beiden Ecken bleiben fest, während die übrigen Ecken paarweise ineinander übergehen (Abb. 2.5).
  - Ist n ungerade, dann wird eine *Spiegelung* um die Achse durch die Ecke 1 und den Schwerpunkt des Vielecks festgelegt:

$$\tau = (1)(2, n) \ldots \left(\frac{n-1}{2}, \frac{n+1}{2}\right). \tag{2.27}$$

  Die Ecke 1 bleibt fix und die restlichen Ecken werden paarweise zur Deckung gebracht (Abb. 2.5).

Alle weiteren Deckabbildungen eines regulären n-Ecks sind durch sukzessive Anwendung der Drehung σ und der Spiegelung τ erreichbar. Daher ist die Symmetriegruppe eines regulären n-Ecks durch das Erzeugnis $D_n = \langle \sigma, \tau \rangle$ gegeben, genannt *Diedergruppe vom Grad n*. Aufgrund der Beziehungen $\sigma^n = \mathrm{id}$, $\tau^2 = \mathrm{id}$ und $\sigma\tau = \tau\sigma^{-1}$ kann jedes Element von D_n in der Form $\tau^i\sigma^j$ mit $0 \leq i \leq 1$ und $0 \leq j \leq n-1$ dargestellt werden. Die Diedergruppe D_n hat somit die folgende Gestalt:

$$D_n = \left\{\mathrm{id}, \sigma, \ldots, \sigma^{n-1}, \tau, \tau\sigma, \ldots, \tau\sigma^{n-1}\right\}. \tag{2.28}$$

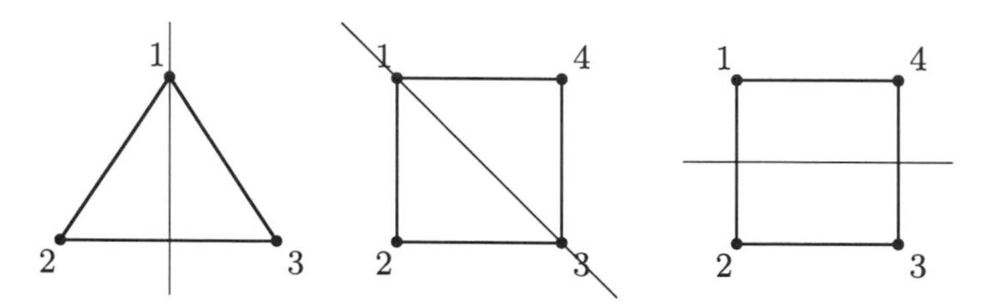

Abb. 2.5 Spiegelung eines Dreiecks $\tau = (1)(2, 3)$ und Spiegelungen eines Vierecks $\tau = (1)(3)(2, 4)$ und $\tau\sigma = (1, 2)(3, 4)$

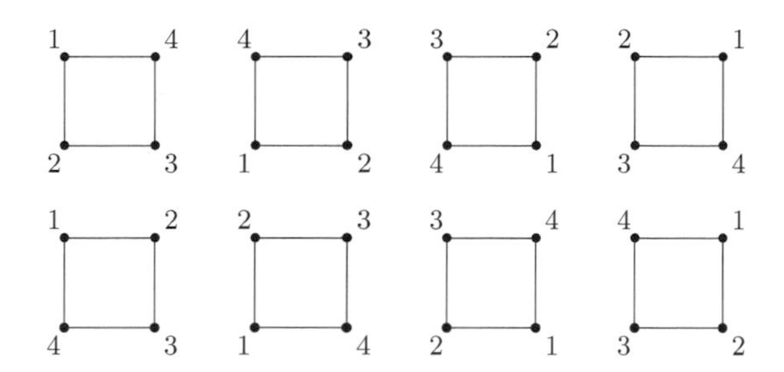

Abb. 2.6 Wirkungen der Diedergruppe D_4 auf ein Quadrat (oben links): $()$, σ, σ^2, σ^3 (erste Zeile) und τ, $\tau\sigma$, $\tau\sigma^2$, $\tau\sigma^3$ (zweite Zeile)

Es handelt sich um eine Permutationsgruppe vom Grad n mit $2n$ Elementen, welche die zyklische Gruppe $C_n = \langle\sigma\rangle$ als Normalteiler enthält. Insbesondere fällt die Diedergruppe D_3 mit der symmetrischen Gruppe S_3 zusammen (Abb. 2.1).

Die Diedergruppe D_4 wird von den Permutationen $\sigma = (1, 4, 3, 2)$ und $\tau = (2, 4)$ erzeugt und besitzt folgende Elemente (Abb. 2.6):

$$\begin{array}{llll} \mathrm{id} = (), & \sigma = (1, 4, 3, 2), & \sigma^2 = (1, 3)(2, 4), & \sigma^3 = (1, 2, 3, 4), \\ \tau = (2, 4), & \tau\sigma = (1, 2)(3, 4), & \tau\sigma^2 = (1, 3), & \tau\sigma^3 = (1, 4)(2, 3). \end{array} \tag{2.29}$$

Sechsseitiger Würfel

Neben ebenen Figuren gibt es viele bemerkenswerte Figuren im dreidimensionalen Raum. Im Folgenden sind vor allem beschränkte Polyeder (Vielflächner) interessant; das sind dreidimensionale Figuren, die von ebenen Flächen begrenzt werden. Hierzu gehören etwa die platonischen Körper (Tetraeder, Hexader oder Würfel, Oktaeder, Dodekaeder, Ikosaeder) sowie Prismen und Antiprismen. Isometrien im euklidischen Raum $\mathbb{R}^3$ sind ebenfalls längentreue bijektive Abbildungen. Deckabbildungen und Symmetriegruppen der für unsere Zwecke interessanten dreidimensionalen Körper werden wie im zweidimensionalen Fall definiert.

Jeder kennt den allseits beliebten sechsseitigen Spielewürfel. Ein Spielewürfel kann hinsichtlich unterschiedlicher Deckabbildungen untersucht werden. Neben der Symmetriegruppe der Eckenmenge oder Kantenmenge kann auch die Symmetriegruppe der Flächenmenge untersucht werden. Hierzu werden die Flächen wie üblich mit den Zahlen 1 bis 6 markiert, wobei die Flächen 1 und 6, 2 und 5 sowie 3 und 4 jeweils gegenüberliegen (Abb. 2.7).

Die Symmetriegruppe WG des Spielewürfels hinsichtlich der Flächen, *Würfelgruppe* genannt, wird durch die 90°-Drehungen um die drei orthogonalen Achsen des Würfels erzeugt: $(1, 5, 6, 2)$ ist die Drehung um die auf den Flächen 3 und 4 senkrechte Achse $\mathfrak{g}_{3,4}$, $(1, 4, 6, 3)$ beschreibt die Drehung um die auf den Flächen 2 und 5 senkrechte Achse $\mathfrak{g}_{2,5}$ und $(2, 3, 5, 4)$ skizziert die Drehung um die auf den Flächen 1 und 6 senkrechte Achse $\mathfrak{g}_{1,6}$ (Abb. 2.7). Diese Gruppe ist eine Permutationsgruppe vom Grad 6 besitzt 24 Elemente:

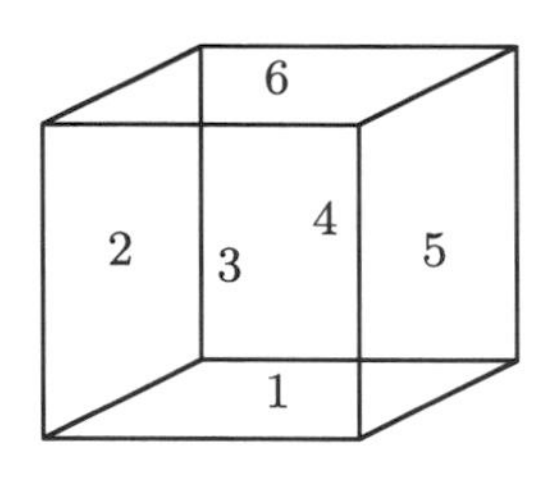

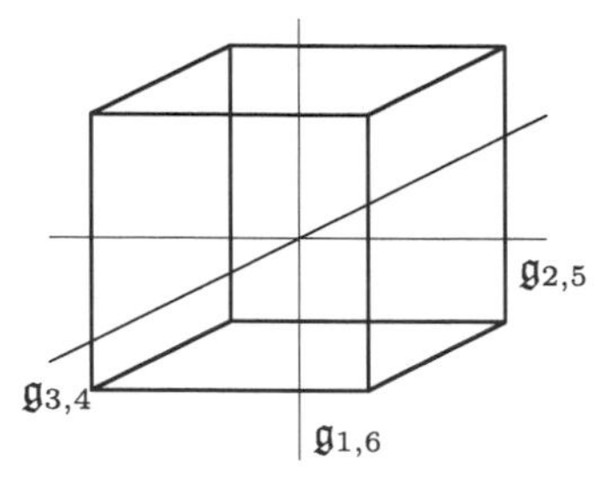

Abb. 2.7 Spielewürfel mit einer Nummerierung der Flächen und die Symmetrieachsen

$$\begin{array}{lll}
\sigma_0 = (), & \sigma_1 = (1,2,6,5), & \sigma_2 = (1,3,6,4),\\
\sigma_3 = (1,4,6,3), & \sigma_4 = (1,5,6,2), & \sigma_5 = (2,3,5,4),\\
\sigma_6 = (1,6)(2,5), & \sigma_7 = (1,6)(3,4), & \sigma_8 = (2,5)(3,4),\\
\sigma_9 = (2,4,5,3), & \sigma_{10} = (1,2,3)(4,6,5), & \sigma_{11} = (1,2,4)(3,6,5),\\
\sigma_{12} = (1,3,2)(4,5,6), & \sigma_{13} = (1,3,5)(2,6,4), & \sigma_{14} = (1,4,2)(3,5,6),\\
\sigma_{15} = (1,4,5)(2,6,3), & \sigma_{16} = (1,5,3)(2,4,6), & \sigma_{17} = (1,5,4)(2,3,6),\\
\sigma_{18} = (1,2)(3,4)(5,6), & \sigma_{19} = (1,3)(2,5)(4,6), & \sigma_{20} = (1,4)(2,5)(3,6),\\
\sigma_{21} = (1,5)(2,6)(3,4), & \sigma_{22} = (1,6)(2,3)(4,5), & \sigma_{23} = (1,6)(2,4)(3,5).
\end{array} \tag{2.30}$$

Graphen

Die Graphentheorie ist eine Teildisziplin der diskreten Mathematik, die sich mit netzartigen Strukturen und deren Eigenschaften sowie deren Beziehungen untereinander beschäftigt.

Ein *Graph* G besteht aus einer nichtleeren Menge $V = V(G)$ von *Knoten* (auch Ecken oder Punkte genannt) und einer Menge $E = E(G)$ von zweielementigen Teilmengen von V. Ein ungeordnetes Paar $e = \{u, v\} \in E$ wird *Kante* genannt; sie *verbindet* die Knoten u und v, die Knoten u und v heißen dann auch *benachbart*. Im Folgenden werden nur Graphen mit endlicher Knotenmenge und damit endlicher Kantenmenge betrachtet.

Ein Graph besitzt von sich aus keine geometrische Struktur. Einem Graphen kann aber ein *Diagramm* zugeordnet werden. Dies ist eine Darstellung des Graphen in der Zeichenebene, in der die Knoten durch verschiedene Punkte repräsentiert und die Kanten als stetige Streckenzüge gezeichnet werden. Die Diagrammdarstellung ist nicht eindeutig. Eine Messung von Abständen ist im Folgenden nicht relevant.

Beispielsweise besitzt der Graph G mit der Knotenmenge $V(G) = \{v_1, \ldots, v_5\}$ und der Kantenmenge $E(G) = \{\{v_1, v_2\}, \{v_1, v_3\}, \{v_1, v_5\}, \{v_2, v_3\}, \{v_2, v_4\}, \{v_3, v_4\}, \{v_4, v_5\}\}$ das Diagramm in Abb. 2.8; andere Diagramme für diesen Graphen sind denkbar.

Ein *Teilgraph* eines Graphen G ist ein Graph U, dessen Knotenmenge eine Teilmenge der Knotenmenge von G ist und jede Kante in U auch eine Kante in G darstellt (Abb. 2.9).

Zwei Graphen G und G' heißen *isomorph*, wenn ihre Knoten so zugeordnet werden können, dass die Kanten zur Deckung gelangen (Abb. 2.10). Genauer ist ein *Isomorphismus* zwischen zwei Graphen G und G' eine bijektive Abbildung $\phi : V(G) \to V(G')$ zwischen den Knotenmengen, so dass die Kanten in G genau den Kanten in G' entsprechen, d. h. für alle Knoten $u, v \in V(G)$ gilt:

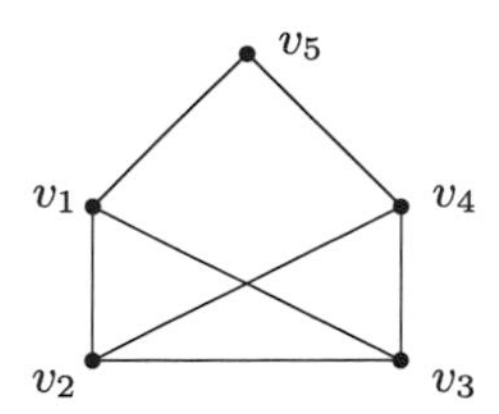

Abb. 2.8 Ein Graph mit fünf Knoten und sieben Kanten

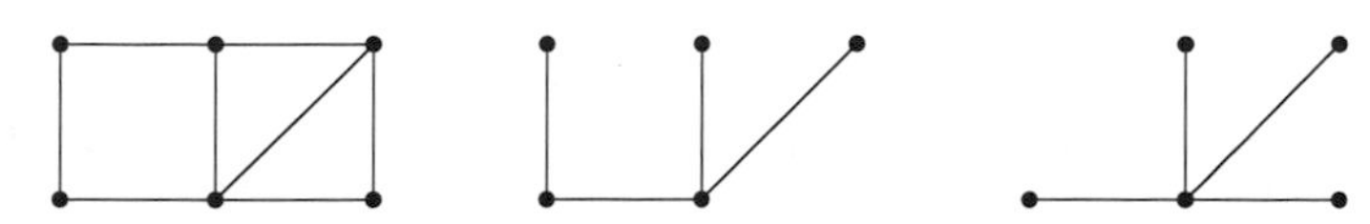

Abb. 2.9 Ein Graph (links) mit zwei Teilgraphen

$$\{u, v\} \in E(G) \iff \{\phi(u), \phi(v)\} \in E(G'). \tag{2.31}$$

Ein *Automorphismus* eines Graphen G ist ein Isomorphismus von G auf sich selbst. Ein Automorphismus ist also eine Permutation der Knotenmenge von G, welche nach (2.31) die Entsprechung der Kanten respektiert.

Satz 2.22 *Die Menge aller Automorphismen eines Graphen G bildet eine Gruppe, genannt Automorphismengruppe von G.*

Beweis. Die Komposition von Automorphismen eines Graphen G ist wiederum ein Automorphismus. Die identische Abbildung $\text{id} : V(G) \to V(G)$ ist ein Automorphismus von G und die inverse Abbildung eines Automorphismus von G ist ebenfalls ein Automorphismus von G. ◇

Die Automorphismengruppe eines Graphen G ist eine Permutationsgruppe der Knotenmenge von G und wird mit $\Gamma(G)$ bezeichnet. Es gibt Graphen mit trivialer Automorphismengruppe; außer der identischen Abbildung gibt es dann keine weiteren Automorphismen. Solche Graphen werden *Identitätsgraphen* genannt (Abb. 2.11).

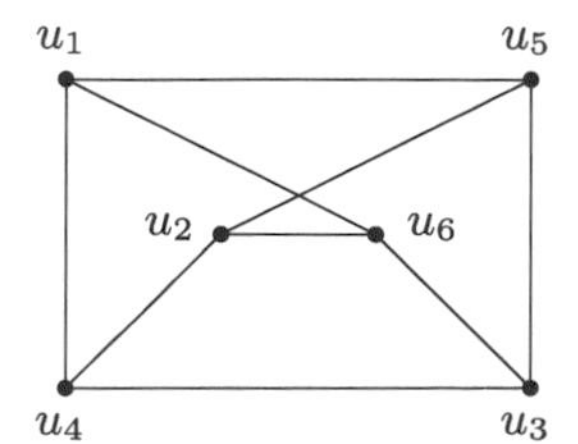

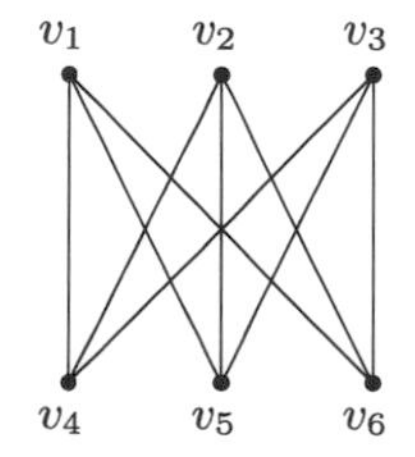

Abb. 2.10 Zwei isomorphe Graphen mit dem Isomorphismus $u_i \mapsto v_i$

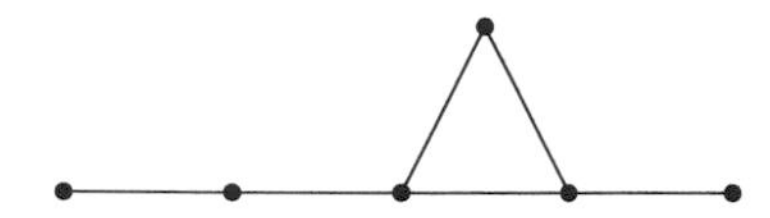

Abb. 2.11 Ein Identitätsgraph

Ein Graph G heißt *vollständig*, wenn je zwei Knoten verbunden sind. Ein vollständiger Graph mit n Knoten hat also $\binom{n}{2}$ Kanten; er wird mit K_n bezeichnet (Abb. 2.12). Die Automorphismengruppe des vollständigen Graphen K_n ist die symmetrische Gruppe S_n.

Ein *Weg* in einem Graphen G ist eine Folge $W = (v_0, v_1, \ldots, v_n)$ von Knoten in $V(G)$ dergestalt, dass sukzessive Knoten benachbart sind, also eine Kante $\{v_i, v_{i+1}\}$ bilden, $0 \leq i \leq n - 1$. Beispielsweise ist $W = (v_1, v_3, v_2, v_3, v_4, v_5)$ ein Weg im Graphen der Abb. 2.8.

Ein Weg $W = (v_0, v_1, \ldots, v_n)$ in G heißt *geschlossen*, wenn Anfangs- und Endpunkt zusammenfallen, d. h. $v_0 = v_n$. Ein geschlossener Weg wird *Kreis* genannt, wenn die Knoten in der Folge verschieden sind und $n \geq 3$ gilt. Beispielsweise ist $W = (v_1, v_3, v_2, v_4, v_5, v_1)$ ein Kreis im Graphen der Abb. 2.8.

Ein Graph G heißt *zusammenhängend*, wenn je zwei Knoten durch einen Weg verbunden sind. Ein maximal zusammenhängender Teilgraph von G wird als *Komponente* von G bezeichnet. Demnach hat ein nicht zusammenhängender Graph mindestens zwei Komponenten. Ein Graph ohne Kreise ist ein *Wald* und ein zusammenhängender Graph ohne Kreise ist ein *Baum* (Abb. 2.13). In einem Baum werden diejenige Knoten, die genau mit einem weiteren Knoten verbunden sind, *Blätter* genannt.

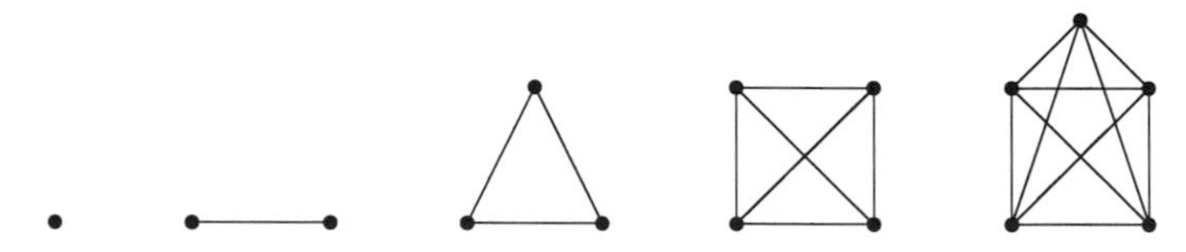

Abb. 2.12 Vollständige Graphen $K_n, n = 1, \ldots, 5$

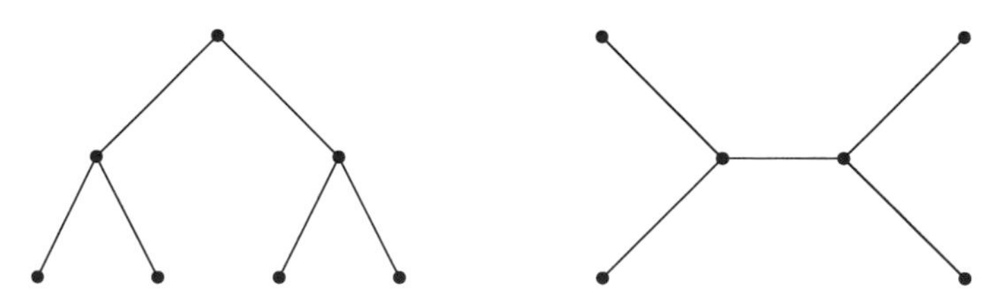

Abb. 2.13 Ein Wald mit zwei Bäumen

Zentrale Konzepte

3

Nach der Präzisierung der Grundbegriffe der Gruppentheorie werden in diesem Kapitel weitere Grundlagen für die Abzählung nach Pólya erörtert. Ausgangspunkt ist das unscheinbare, aber mächtige Konzept der Gruppenoperation. Zentral ist dabei die Beobachtung, dass eine auf einer Menge operierende Gruppe eine Partition derselben induziert. Nach allgemeinen Überlegungen werden am Schluss zwei spezielle Gruppenoperationen behandelt. Im Folgenden werden alle betrachteten Gruppen und Mengen als endlich angenommen.

3.1 Gruppenoperationen

Gruppenoperationen werden zunächst für Permutationsgruppen eingeführt und dann auf abstrakte Gruppen verallgemeinert.

In einer Permutationsgruppe G vom Grad n gilt vermöge Komposition und Funktionsanwendung für alle Elemente $\sigma, \tau \in G$ und $x \in [n]$:

$$(\sigma\tau)(x) = \sigma(\tau(x)) \quad \text{und} \quad \mathrm{id}(x) = x. \tag{3.1}$$

Man sagt, die Gruppe G *operiert* auf der Menge $[n]$. In analoger Weise operiert die Symmetriegruppe G einer Figur F auf dieser Figur dergestalt, dass jeder Deckabbildung $\sigma \in G$ und jedem Element x der Figur ein weiteres Element $\sigma(x)$ der Figur zugeordnet wird.

Beispielsweise operiert die Diedergruppe D_4 als Permutationsgruppe vom Grad 4 (siehe (2.29)) auf der Menge [4], sodass etwa für die Permutationen $\sigma = (1, 2, 3, 4)$ und $\tau = (2, 4)$ gilt: $\sigma\tau(1) = \sigma(\tau(1)) = \sigma(1) = 2$, $\sigma\tau(2) = \sigma(\tau(2)) = \sigma(4) = 1$, $\sigma\tau(3) = \sigma(\tau(3)) = \sigma(3) = 4$ und $\sigma\tau(4) = \sigma(\tau(4)) = \sigma(2) = 3$.

K. Zimmermann, *Abzähltheorie nach Pólya*, essentials,
https://doi.org/10.1007/978-3-658-36498-4_3

Für Permutationsgruppen sind die Bedingungen (3.1) automatisch erfüllt, denn Permutationen sind Abbildungen und für Abbildungen gelten diese Gleichungen.

Im allgemeinen Fall sei X eine nichtleere Menge und G eine Gruppe mit neutralem Element e. Eine *Gruppenoperation* von G auf X ist eine Abbildung

$$\cdot : G \times X \to X : (g, x) \mapsto g \cdot x, \tag{3.2}$$

sodass für alle Elemente $g, h \in G$ und $x \in X$ gilt:

$$(gh) \cdot x = g \cdot (h \cdot x) \quad \text{und} \quad e \cdot x = x. \tag{3.3}$$

In diesem Fall *operiert* die Gruppe G auf der Menge X; die Abb. (3.2) wird auch als Juxtaposition geschrieben: $(g, x) \mapsto g \cdot x = gx$. Die Entsprechung der Beziehungen (3.1) und (3.3) ist offensichtlich.

Interessante geometrische Beispiele von Gruppenoperationen sind schnell zur Hand, spielen aber im weiteren Verlauf keine Rolle:

Sei $X = \mathbb{R}^2$ die euklidische Ebene und $G = \mathbb{R}$ die additive Gruppe der reellen Zahlen. Für einen festen Vektor $v \in \mathbb{R}^2$ wird durch die Definition $t \cdot x = x + tv$ eine Gruppenoperation definiert, deren Bahnen (später) die parallelen Geraden in v-Richtung darstellen.

Sei $X = \mathbb{R}^2$ die euklidische Ebene und $G = \mathbb{Z} \times \mathbb{Z}$ die additive Gruppe der Paare ganzer Zahlen. Vermöge der Festlegung $(m, n) \cdot (x, y) = (m + x, n + y)$ wird eine Gruppenoperation eingeführt, deren Bahnen die Einheitsgitter im $\mathbb{R}^2$ sind.

Sei $X = \mathbb{C}$ die Menge der komplexen Zahlen und $G = \mathbb{R}$ die additive Gruppe der reellen Zahlen. Anhand der Setzung $t \cdot z = e^{it} z$ wird eine Gruppenoperation festgelegt, deren Bahnen die Kreise um den Nullpunkt in der Gaußschen Zahlenebene repräsentieren. Eine Charakterisierung von Gruppenoperationen liefert die nächste Aussage.

Satz 3.1 *Eine Gruppe G operiert auf einer Menge X genau dann, wenn es einen Homomorphismus von G in die symmetrische Gruppe S_X gibt.*

Beweis. Sei $\cdot : G \times X \to X : (g, x) \mapsto gx$ eine Gruppenoperation. Die Abbildung $\bar{g} : X \to X : x \mapsto gx$ ist bijektiv. Denn sie ist injektiv, weil für $g \in G$ und $x, y \in X$ mit $gx = gy$ gilt: $x = ex = \left(g^{-1} g\right) x = g^{-1} (gx) = g^{-1} (gy) = \left(g^{-1} g\right) y = ey = y$. Weiter ist sie surjektiv, denn ein Urbild von $x \in X$ ist $g^{-1}x$: $\bar{g}\left(g^{-1} x\right) = g\left(g^{-1} x\right) = \left(g g^{-1}\right) x = ex = x$. Die Abbildung $\bar{g}$ ist also eine Permutation von X und liegt daher in S_X. Die zusammengesetzte Abbildung $\psi : G \to S_X : g \mapsto \bar{g}$ ist ein Homomorphismus. Denn für beliebige $g, h \in G$ und $x \in X$ gilt: $\overline{gh}(x) = (gh)x = g(hx) = \bar{g}(hx) = \bar{g}\,\bar{h}(x)$, mithin $\psi(gh) = \psi(g)\,\psi(h)$.

Umgekehrt wird zu einem Homomorphismus $\psi : G \to S_X$ durch $g \cdot x = \psi(g)(x)$ eine Gruppenoperation definiert. Denn für beliebige $g, h \in G$ und $x \in X$ gilt: $(gh) \cdot x = \psi(gh)(x) = \psi(g)\psi(h)(x) = \psi(g)(h \cdot x) = g \cdot (h \cdot x)$ und $e \cdot x = \psi(e)(x) = \mathrm{id}_X(x) = x$. ◇

Das Bild des Homomorphismus $\psi : G \to S_X$ ist nach Satz 2.15 eine Untergruppe $\bar{G} = \{\bar{g} \mid g \in G\}$ von S_X, mithin eine Permutationsgruppe von X. Im Falle einer Permutationsgruppe G von X stimmen die Permutationen $g \in G$ und $\bar{g} \in \bar{G}$ überein, d. h. es gilt $G = \bar{G}$.

Anders sind die Verhältnisse etwa im Falle der *trivialen* Operation einer Gruppe G auf einer Menge X, definiert durch die Abbildung $G \times X \to X : (g, x) \mapsto gx = x$. Dann ist jede Permutation $\bar{g} : X \to X : x \mapsto gx = x$ gleich der identischen Abbildung und somit $\bar{G} = \{\mathrm{id}_X\}$ die triviale Gruppe.

3.2 Bahnen, Stabilisatoren und Fixpunkte

Die mit einer Gruppenoperation einhergehenden Begriffe werden erörtert, der zentrale Bahnensatz wird bewiesen und die Gruppenoperation der Konjugation wird erläutert.

Bahnen
Eine Gruppe G operiere auf einer Menge X. Zwei Elemente $x, y \in X$ heißen *G-äquivalent*, geschrieben $x \sim_G y$, wenn es ein Element $g \in G$ gibt mit $gx = y$.

Lemma 3.2 *Die Relation $\sim_G$ ist eine Äquivalenzrelation auf X.*

Beweis. Seien $x, y, z \in X$. Reflexivität: Es gilt $x \sim_G x$, da $ex = x$.
Symmetrie: Sei $x \sim_G y$, d. h. $y = gx$ für ein $g \in G$. Dann gilt $g^{-1}y = g^{-1}(gx) = \left(g^{-1}g\right)x = ex = x$ und daher $y \sim_G x$.
Transitivität: Seien $x \sim_G y$ und $y \sim_G z$, d. h. $y = gx$ und $z = hy$ für gewisse $g, h \in G$. Dann gilt $(hg)x = h(gx) = hy = z$ und somit $x \sim_G z$. ◇

Die Äquivalenzklassen der G-Äquivalenz,

$$G(x) = \{gx \mid g \in G\}, \quad x \in X, \tag{3.4}$$

heißen *Bahnen* oder *Orbits* von G in X. Die Bahn $G(x)$ besteht aus allen zu $x \in X$ äquivalenten Elementen von X. Die Menge aller Bahnen von G in X bildet wie in Kap. 2 beschrieben eine Partition der Menge X:

$$\{G(x) \mid x \in X\}. \tag{3.5}$$

Lemma 3.3 *Sei $\sigma = (a_1, \ldots, a_k)(b_1, \ldots, b_l)\ldots$ eine Permutation vom Grad n, geschrieben als Produkt disjunkter Zyklen, und sei $G = \langle\sigma\rangle$ die erzeugte zyklische Untergruppe von S_n.*

Die Gruppe G operiert als Permutationsgruppe auf der Menge $[n]$ wie in (3.1), wobei die Bahnen dieser Operation anhand der Zyklen der Permutation durch $G(a_1) = \{a_1, \ldots, a_k\}$, $G(b_1) = \{b_1, \ldots, b_l\}$ etc. gegeben sind.

Die Operation der trivialen Gruppe $G = \langle()\rangle = \{()\}$ als Permutationsgruppe vom Grad n auf der Menge $[n]$ liefert die einelementigen Bahnen $G(1) = \{1\}, \ldots, G(n) = \{n\}$.

Die Operation der zyklischen Gruppe $C_n = \langle\sigma\rangle$ mit $\sigma = (1, 2, \ldots, n)$ auf der Menge $[n]$ erzeugt eine einzige Bahn: $C_n(1) = \ldots = C_n(n) = [n]$.

Der Permutationsgruppe $G = \langle\sigma\rangle$ mit $\sigma = (1,2)(3,4,5)(6)$ besitzt die Elemente $()$, $(1,2)$, $(3,4,5)$, $(3,5,4)$, $(1,2)(3,4,5)$ und $(1,2)(3,5,4)$. Die Operation dieser Gruppe auf der Menge $[6]$ ergibt die Bahnen $G(1) = \{1,2\}$, $G(3) = \{3,4,5\}$ und $G(6) = \{6\}$.

Falls die Operation einer Gruppe G auf einer Menge X genau eine Bahn $\{X\}$ induziert, dann heißt die Gruppenoperation *transitiv*; je zwei Elemente der Menge X sind dann G-äquivalent.

Stabilisatoren

Eine Gruppe G operiere auf einer Menge X. Jedem Element $x \in X$ wird der *Stabilisator* von x in G zugeordnet:

$$G_x = \{g \in G \mid gx = x\}. \tag{3.6}$$

Der Stabilisator G_x eines Elements $x \in X$ besteht aus allen Gruppenelementen, die x invariant lassen.

Satz 3.4 *Der Stabilisator G_x von $x \in X$ in einer Gruppe G ist eine Untergruppe von G.*

Beweis. Seien $g, h \in G_x$, d.h. es gilt $gx = x$ und $hx = x$. Dann folgt $(gh)x = g(hx) = gx = x$ und daher $gh \in G_x$. Weiter gilt mit $gx = x$ auch $g^{-1}x = g^{-1}(gx) = \left(g^{-1}g\right)x = ex = x$ und somit $g^{-1} \in G_x$. Also ist G_x eine Untergruppe von G. ◇

Der Bahnensatz

Der folgende Satz verbindet die Ordnungen der Bahnen und Stabilisatoren einer Gruppenoperation.

Satz 3.5 *Es operiere eine Gruppe G auf einer Menge X. Dann gilt für jedes $x \in X$:*

$$|G| = |G(x)| \cdot |G_x|. \tag{3.7}$$

Beweis. Sei $G/G_x = \{gG_x \mid g \in G\}$ die Menge der Linksnebenklassen von G_x in G. Betrachte die Abbildung $\phi : G(x) \to G/G_x : gx \mapsto gG_x$. Für alle $g, h \in G$ und $x \in X$ gilt:

$$gx = hx \iff g^{-1}h \in G_x \iff gG_x = hG_x.$$

Wird diese Äquivalenz von links nach rechts gelesen, dann ist klar, dass die Zuordnung $gx \mapsto gG_x$ eine Abbildung definiert. Wird diese Äquivalenz hingegen von rechts nach links gelesen, dann wird deutlich, dass die Zuordnung $gx \mapsto gG_x$ injektiv ist. Diese Abbildung ist definitionsgemäß surjektiv, also bijektiv. Mit dem Gleichheitsprinzip folgt $|G(x)| = |G/G_x|$. Für die Anzahl der Linksnebenklassen gilt $|G/G_x| = [G : G_x]$, woraus sich mit dem Satz von Lagrange 2.11 die Beziehung $|G(x)| = |G|/|G_x|$ ergibt. ◇

Sechsseitiger Würfel

Die eingangs skizzierte Würfelgruppe $G = \mathrm{WG}$ in (2.30) operiert als Permutationsgruppe vom Grad 6 in natürlicher Weise (3.1) auf der Menge der Flächen $[6]$ eines sechsseitigen Würfels.

Die Bahn $G(x)$ einer beliebigen Fläche $x \in [6]$ ist die gesamte Menge $[6]$, weshalb die Gruppe transitiv auf $[6]$ operiert. Denn es gilt etwa für die Fläche $x = 1$: $\sigma_0(1) = 1, \sigma_1(1) = 2$, $\sigma_2(1) = 3$, $\sigma_3(1) = 4$, $\sigma_4(1) = 5$ und $\sigma_6(1) = 6$, also $G(1) = [6]$. Die Stabilisatoren der Würfelgruppe sind wie folgt gegeben:

$$\begin{aligned}
G_1 &= \{(), (2,3,5,4), (2,4,5,3), (2,5)(3,4)\},\\
G_2 &= \{(), (1,3,6,4), (1,4,6,3), (1,6)(3,4)\},\\
G_3 &= \{(), (1,2,6,5), (1,5,6,2), (1,6)(2,5)\},\\
G_4 &= \{(), (1,2,6,5), (1,5,6,2), (1,6)(2,5)\},\\
G_5 &= \{(), (1,3,6,4), (1,4,6,3), (1,6)(3,4)\},\\
G_6 &= \{(), (2,3,5,4), (2,4,5,3), (2,5)(3,4)\}.
\end{aligned}$$

Nach dem Bahnensatz gilt für jede Fläche $x \in [6]$: $24 = |G| = |G(x)| \cdot |G_x| = 6 \cdot 4$.

Fixpunkte
Eine Gruppe G operiere auf einer Menge X. Jedem Gruppenelement $g \in G$ wird die Menge aller *Fixpunkte* von X zugeordnet:

$$X_g = \{x \in X \mid gx = x\}. \tag{3.8}$$

Unter dem neutralen Element $e \in G$ ist jedes Element $x \in X$ wegen $ex = x$ ein Fixpunkt, d. h. es gilt: $X_e = X$.

Bei der Operation der symmetrischen Gruppe S_n auf der Menge $[n]$ hat der n-Zyklus $\sigma = (1, 2, \ldots, n)$ wegen $\sigma(1) = 2, \ldots, \sigma(n-1) = n, \sigma(n) = 1$ keinen Fixpunkt, d. h. $X_\sigma = \emptyset$.

Hinsichtlich der Operation der Würfelgruppe WG auf den Flächen eines sechsseitigen Würfels sind die Fixpunkte der erzeugenden Permutationen $\sigma_3 = (1,4,6,3), \sigma_4 = (1,5,6,2)$ und $\sigma_5 = (2,3,5,4)$ in (2.30) wie folgt gegeben: $X_{\sigma_3} = \{2,5\}$, $X_{\sigma_4} = \{3,4\}$ und $X_{\sigma_5} = \{1,6\}$.

Konjugation
Eine weitere nützliche Gruppenoperation liefert die Konjugation.

Satz 3.6 *Eine Gruppe G operiert auf sich selbst durch* Konjugation:

$$\cdot : G \times G \to G : (g,x) \mapsto g \cdot x = gxg^{-1}. \tag{3.9}$$

Beweis. Für alle $g, h, x \in G$ gilt $e \cdot x = exe^{-1} = x$ und $(gh) \cdot x = (gh)x(gh)^{-1} = (gh)x\left(h^{-1}g^{-1}\right) = g\left(hxh^{-1}\right)g^{-1} = g \cdot \left(hxh^{-1}\right) = g \cdot (h \cdot x)$. Folglich handelt es sich um eine Gruppenoperation. ◇

Die Bahnen dieser Operation werden *Konjugationsklassen* genannt:

$$K_G(x) = G(x) = \{gxg^{-1} \mid g \in G\}, \quad x \in G, \tag{3.10}$$

und die Stabilisatoren heißen *Zentralisatoren*:

$$C_G(x) = G_x = \{g \in G \mid gxg^{-1} = x\}, \quad x \in G. \tag{3.11}$$

Wegen $C_G(x) = \{g \in G \mid gx = xg\}$ besteht der Zentralisator von x in G aus allen Gruppenelementen $g \in G$, die mit dem Element x vertauschbar sind. Das *Zentrum* einer Gruppe G setzt sich allen Gruppenelementen zusammen, die mit *allen* weiteren Elementen vertauschbar sind:

$$Z(G) = \{g \in G \mid gx = xg \text{ für alle } x \in G\}. \tag{3.12}$$

Ein Element x des Zentrums besitzt demnach die einelementige Konjugiertenklasse $K_G(x) = \{x\}$. Bezeichnen $K_G(x_1), \ldots, K_G(x_l)$ die Konjugiertenklassen von G mit mehr als einem Element, dann ergibt sich aufgrund der disjunkten Vereinigung

$$G = Z(G) \cup \bigcup_{i=1}^{l} K_G(x_i) \tag{3.13}$$

die *Klassengleichung* der Gruppe G:

$$|G| = |Z(G)| + \sum_{i=1}^{l} |K_G(x_i)|. \tag{3.14}$$

Beispielsweise hat die Diedergruppe D_4 in (2.29) die Konjugiertenklassen $\{()\}$, $\{(1,2,3,4), (1,4,3,2)\}$, $\{(1,2)(3,4), (1,4)(2,3)\}$, $\{(1,3)(2,4)\}$ und $\{(1,3), (2,4)\}$. Die einelementigen Konjugiertenklassen bilden das Zentrum der Gruppe: $Z(D_4) = \{(), (1,3)(2,4)\}$.

3.3 Färbungen

In dieser Sektion werden die Grundlagen für der Abzählung von gefärbten Figuren gelegt. Bei Figuren mit gefärbten Knoten, Kanten oder Flächen, genannt *Stellen*, werden nun Deckabbildungen betrachtet, welche nicht nur die Figur, sondern auch die Farben erhalten.

Sei X eine Menge von Stellen und Y eine Menge von Farben. Eine Abbildung $f : X \to Y$ wird eine *Färbung* der Stellen von X mit den *Farben* in Y genannt. Die Menge dieser Färbungen ist die Menge $Y^X = \{f \mid f : X \to Y\}$. Die Operation einer Gruppe G auf den Stellen X kann zu einer Operation von G auf den Färbungen Y^X fortgesetzt werden.

Satz 3.7 *Eine auf einer Menge X operierende Gruppe G operiert auf der Menge Y^X wie folgt:*

$$G \times Y^X \to Y^X : (g, f) \mapsto gf, \tag{3.15}$$

wobei für alle $g \in G$ *und* $x \in X$ *gilt:*

$$(gf)(x) = f(g^{-1}x). \tag{3.16}$$

Beweis. Seien $g, h \in G$, $x \in X$ und $f \in Y^X$. Es gilt $gf \in Y^X$ nach (3.16), wodurch die Operation wohldefiniert ist. Weiter gilt: $(ef)(x) = f\left(e^{-1}x\right) = f(ex) = f(x)$, also $ef = f$. Schließlich gilt: $((gh)f)(x) = f\left((gh)^{-1}(x)\right) = f\left(\left(h^{-1}g^{-1}\right)x\right) = f\left(h^{-1}\left(g^{-1}x\right)\right) = (hf)\left(g^{-1}x\right) = (g(hf))(x)$, also $(gh)f = g(hf)$. Daher liegt eine Gruppenoperation von G auf Y^X vor. ◇

Die Bahnen dieser Operation $G(f) = \{gf \mid g \in G\}$, $f \in Y^X$, werden auch *Muster* genannt; Muster beschreiben also die Klassen von G-äquivalenten Färbungen. Diese Formalisierung geht auf De Bruijn (1964) zurück.

Halskettenproblem

Halsketten mit vier bunten (blauen oder roten) Perlen können als Färbungen, genauer als Abbildungen $f : X \to Y$ von der Eckenmenge eines Quadrats $X = [4]$ in die Menge der Farben $Y = \{b, r\}$, aufgefasst werden. Für die Halskette f in Abb. 3.1 gilt: $f(1) = b$, $f(2) = r$, $f(3) = r$ und $f(4) = b$; sie wird im Folgenden auch kürzer als Wort $f = f(1)f(2)f(3)f(4) = brrb$ notiert.

Zwei Halsketten sind genau dann gleichwertig, wenn sie durch sukzessive Drehungen und Spiegelungen zur Deckung gebracht werden können. Daher wird die Operation der Diedergruppe D_4 auf der Eckenmenge $X = [4]$ eines Quadrats nach (3.1) betrachtet und damit einhergehend die Fortsetzung dieser Operation auf der Menge der Halsketten Y^X mit der Farbmenge $Y = \{b, r\}$ nach Satz 3.7. Die gleichwertigen Halsketten sind damit genau die D_4-äquivalenten Halsketten.

Beispielsweise wird die Halskette $f = brrb$ anhand der Permutation $\sigma = (1, 2, 3, 4)$ zur Halskette $\sigma f = bbrr$, denn mit $\sigma^{-1} = (1, 4, 3, 2)$ gilt: $(\sigma f)(1) = f(\sigma^{-1}(1)) = f(4) = b$, $(\sigma f)(2) = f(\sigma^{-1}(2)) = f(1) = b$, $(\sigma f)(3) = f(\sigma^{-1}(3)) = f(2) = r$ und $(\sigma f)(4) = f(\sigma^{-1}(4)) = f(3) = r$.

Die Operation der Gruppe D_4 auf der Menge der Halsketten Y^X liefert insgesamt sechs Muster:

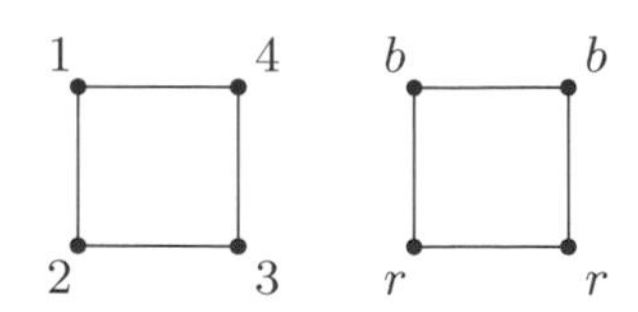

Abb. 3.1 Quadrat und Halskette: $f = brrb$

$$\begin{aligned} &O_1 = \{bbbb\}, && O_2 = \{bbbr, bbrb, brbb, rbbb\}, \\ &O_3 = \{bbrr, brrb, rbbr, rrbb\}, && O_4 = \{brbr, rbrb\}, \\ &O_5 = \{brrr, rbrr, rrbr, rrrb\}, && O_6 = \{rrrr\}. \end{aligned} \tag{3.17}$$

Insbesondere gibt es zwei Muster mit je zwei blauen und zwei roten Perlen (Abb. 1.1).

Farbinhalt

Jede Färbung besitzt einen Farbinhalt. Die Zahl $I(f, y)$ bezeichnet die Anzahl der Vorkommen der Farbe $y \in Y$ in der Färbung $f \in Y^X$, also $I(f, y) = |f^{-1}(y)|$ mit $f^{-1}(y) = \{x \in X \mid f(x) = y\}$ als der Urbildmenge von $y \in Y$ unter der Färbung f. Die Folge $I(f) = (I(f, y))_y$ wird *Inhalt* der Färbung f genannt. Beispielsweise ist der Inhalt der Färbung $f = rbbb$ durch $I(f, b) = 3$ und $I(f, r) = 1$ gegeben.

Lemma 3.8 *G-äquivalente Färbungen haben den gleichen Inhalt.*

Beweis. Sei $f \in Y^X$ eine Färbung und $g \in G$. Für beliebige $x \in X$ und $y \in Y$ gilt $f(x) = y$ genau dann, wenn $(gf)(gx) = y$. Denn $(gf)(gx) = f\left(g^{-1}(gx)\right) = f\left(\left(g^{-1}g\right)x\right) = f(ex) = f(x)$. Daher haben $f^{-1}(y)$ und $(gf)^{-1}(y)$ dieselbe Mächtigkeit und somit f, gf den gleichen Inhalt. $\diamond$

Demzufolge ist der Inhalt von Färbungen innerhalb eines Musters konstant. Allerdings können verschiedene Muster durchaus den gleichen Inhalt aufweisen. Etwa besitzen im Beispiel (3.17) die Muster O_3 und O_4 denselben Inhalt (jeweils zwei blaue und zwei rote Perlen).

Abzählung nach Pólya

4

Nach der Einführung des Konzepts der Gruppenoperation wird in diesem Kapitel die Abzählung der Bahnen einer Gruppenoperation behandelt. Das Lemma von Burnside stellt in seinen unterschiedlichen Ausprägungen eine Vorstufe des berühmten Abzählsatzes von Pólya dar, der aus der gewichteten Version des Lemmas von Burnside unter Einbeziehung von Zyklenindexpolynomen entwickelt wird.

4.1 Das Lemma von Burnside

Mit Burnsides Lemma lässt sich die Anzahl der Bahnen einer Gruppenoperation berechnen. Neben einer Fassung für Färbungen wird auch eine gewichtete Version erörtert.

Ursprüngliche Version

In der ursprünglichen Form wird die Anzahl der Bahnen einer Gruppenoperation durch die mittlere Anzahl der Fixpunkte berechnet.

Satz 4.1 (Burnside). *Es operiere eine Gruppe G auf einer Menge X. Dann ist die Anzahl der Bahnen gegeben durch*

$$\frac{1}{|G|}\sum_{g\in G}|X_g|. \tag{4.1}$$

Beweis. Es gilt:

$$(g,x)\in G\times X_g \iff g\in G\wedge x\in X\wedge gx=x \iff (x,g)\in X\times G_x. \tag{4.2}$$

K. Zimmermann, *Abzähltheorie nach Pólya*, essentials,
https://doi.org/10.1007/978-3-658-36498-4_4

Damit geht folgende Umordnung von Summen gemäß doppelter Abzählung einher:

$$\sum_{g\in G}|X_g| = \sum_{g\in G}\sum_{\substack{x\in X\\ gx=x}} 1 = \sum_{x\in X}\sum_{\substack{g\in G\\ gx=x}} 1 = \sum_{x\in X}|G_x|. \tag{4.3}$$

Mit dem Bahnensatz gilt:

$$\sum_{x\in X}|G_x| = |G|\sum_{x\in X}\frac{1}{|G(x)|}.$$

Bezeichnet $\{O_1, \ldots, O_r\}$ die Menge aller Bahnen, dann ergibt sich mithilfe der disjunkten Zerlegung $X = \bigcup_{i=1}^r O_i$:

$$\sum_{x\in X}\frac{1}{|G(x)|} = \sum_{i=1}^r\sum_{x\in O_i}\frac{1}{|G(x)|} = \sum_{i=1}^r\sum_{x\in O_i}\frac{1}{|O_i|} = \sum_{i=1}^r |O_i|\frac{1}{|O_i|} = \sum_{i=1}^r 1 = r.$$

Aus den letzten drei Beziehungen folgt die Behauptung. ◇

Beispielsweise operiert die Permutationsgruppe $G = \{(), (1,2), (3,4), (1,2)(3,4)\}$ auf der Menge [4] nach (3.1) und besitzt folgende Fixpunktmengen:

$$X_{()} = [4],\ X_{(1,2)} = \{3,4\},\ X_{(3,4)} = \{1,2\} \text{ und } X_{(1,2)(3,4)} = \emptyset.$$

Demnach ist die Anzahl der Bahnen: $\frac{1}{4}(4+2+2+0) = 2$; die Bahnen sind $O_1 = \{1,2\}$ und $O_2 = \{3,4\}$.

Die Diedergruppe D_4 (siehe (2.29)) operiert auf der Menge $X = [4]$ nach (3.1) und hat folgende Fixpunktmengen:

$$\begin{array}{llll} X_{()} = [4], & X_{(1,2,3,4)} = \emptyset, & X_{(1,3)(2,4)} = \emptyset, & X_{(1,4,3,2)} = \emptyset, \\ X_{(2,4)} = \{1,3\}, & X_{(1,4)(2,3)} = \emptyset, & X_{(1,3)} = \{2,4\}, & X_{(1,2)(3,4)} = \emptyset. \end{array}$$

Daher ist die Anzahl der Bahnen: $\frac{1}{8}(4+0+0+0+2+0+2+0) = 1$; die einzige Bahn ist $O_1 = [4]$.

Zyklenversion

Burnsides Lemma wird auf Färbungen übertragen.

Lemma 4.2 *Die Anzahl der unter einer Permutation $\sigma \in S_X$ invarianten Färbungen $f \in Y^X$ ist $|Y|^{l(\sigma)}$, wobei $l(\sigma)$ die Zyklenzahl von σ bezeichnet.*

Beweis. Schreibe die Permutation $\sigma \in S_X$ als ein Produkt disjunkter Zyklen. Sei $(a_1, \ldots, a_k)$ ein solcher Zyklus. Die inverse Permutation σ^{-1} enthält dann den Zyklus $(a_1, a_k, \ldots, a_2)$.

Ist $f \in Y^X$ eine Färbung mit $\sigma f = f$, dann folgt: $f(a_2) = \sigma f(a_2) = f\left(\sigma^{-1}(a_2)\right) = f(a_1)$, analog $f(a_3) = f(a_2), \ldots, f(a_k) = f(a_{k-1})$ und schließlich $f(a_1) = \sigma f(a_1) = f\left(\sigma^{-1}(a_1)\right) = f(a_k)$. Die Färbung f ist also konstant auf den disjunkten Zyklen.

Die Permutation σ hat $l(\sigma)$ Zyklen und für jeden Zyklus gibt es $|Y|$ Möglichkeiten der Färbung. Also existieren genau $|Y|^{l(\sigma)}$ Färbungen, die Fixpunkte von σ sind. ◇

Mit diesem Lemma resultiert die Zyklenversion des Lemmas von Burnside.

Satz 4.3 (Zyklenversion) *Es operiere eine Permutationsgruppe G von X auf der Menge aller Färbungen X^Y. Dann gilt für die Anzahl der Muster:*

$$\frac{1}{|G|} \sum_{g \in G} |Y|^{l(g)}. \tag{4.4}$$

In dieser Darstellung kommen nur die Zyklenzahlen der Gruppenelemente vor, hingegen entfällt eine explizite Berechnung der Fixpunktmengen.

Halskettenproblem

Betrachtet werden weiterhin Halsketten mit vier Perlen und zwei Farben. Wie viele Muster gibt es? Die Lösung ist bereits in (3.17) zu finden.

Konkret geht es um die Operation der Diedergruppe D_4 auf der Menge der Färbungen Y^X, wobei $X = [4]$ die Eckenmenge und $Y = \{b, r\}$ die Farbmenge bezeichnen (Abb. 3.1). Die Fixpunktmengen haben nach Lemma 4.2 folgende Mächtigkeiten:

$$\begin{array}{llll} |(Y^X)_{()}| = 2^4, & |(Y^X)_{(1)(2,4)(3)}| = 2^3, & |(Y^X)_{(1,2,3,4)}| = 2^1, & |(Y^X)_{(1,4)(2,3))}| = 2^2 \\ |(Y^X)_{(1,3)(2,4)}| = 2^2, & |(Y^X)_{(1,3)(2)(4)}| = 2^3, & |(Y^X)_{(1,4,3,2)}| = 2^1, & |(Y^X)_{(1,2)(3,4)}| = 2^2. \end{array}$$

Dabei ist der Exponent die Zyklenzahl der jeweiligen Permutation. Für die Anzahl der Bahnen gilt also:

$$\frac{1}{8}(16 + 8 + 2 + 4 + 4 + 8 + 2 + 4) = 6.$$

Sechsseitiger Würfel

Der sechsseitige Würfel wird mit zwei Farben gefärbt. Wie viele Muster gibt es?

Betrachtet wird die Operation der Symmetriegruppe WG des Würfels auf der Menge der Färbungen Y^X des Würfels, wobei $X = [6]$ die Menge der Flächen und $Y = \{b, r\}$ die Menge der Farben bezeichnen. Die Gruppe WG besitzt nach (2.30) eine Permutation (identische Abbildung) mit Zyklenzahl 6, drei Permutationen mit Zyklenzahl 4, zwölf Permutationen mit Zyklenzahl 3 und acht Permutationen mit Zyklenzahl 2. Daher ist die Anzahl der Muster gleich

$$\frac{1}{|\mathrm{WG}|}\left(|Y|^6 + 3|Y|^4 + 12|Y|^3 + 8|Y|^2\right).$$

Im Falle $|Y| = 2$ gibt es zehn Muster.

Zyklenversion für symmetrische Gruppen

Die Stirling-Zahl erster Art $s(n,k)$ gibt die Anzahl der Permutationen der symmetrischen Gruppe S_n an, die jeweils k Zyklen besitzen (Tab. 4.1). Daher ist die Anzahl der Muster der Operation von S_n auf der Menge der Färbungen Y^X mit $X = [n]$ nach Satz 4.3 gleich

$$\frac{1}{n!}\sum_{k=1}^{n} s(n,k)\cdot |Y|^k. \tag{4.5}$$

Als Beispiel betrachte den vollständigen Graphen K_n. Die Automorphismengruppe dieses Graphen ist die symmetrische Gruppe S_n, da im Graphen je zwei Knoten benachbart sind. Die Gruppe S_n operiert auf der Knotenmenge $X = [n]$ nach (3.1) und somit auch auf der Menge der Knotenfärbungen Y^X. Im Falle von $n = 4$ Knoten und $m = |Y|$ Farben ist die Anzahl der Muster nach Tab. 4.1 wie folgt gegeben:

$$\frac{1}{24}\sum_{k=1}^{4} s(4,k)\cdot m^k = \frac{1}{24}\left(m^4 + 6m^3 + 11m^2 + 6m\right). \tag{4.6}$$

Im Falle $m = 2$ gibt es fünf Muster (Abb. 4.1); vergleiche dies mit den Halskettenfärbungen (Abb. 1.1).

Tab. 4.1 Anzahlen $s(n,k)$ für die symmetrische Gruppe S_n

$n\backslash k$	1	2	3	4	5	6	7	8	9
1	1								
2	1	1							
3	2	3	1						
4	6	11	6	1					
5	24	50	35	10	1				
6	120	274	225	85	15	1			
7	720	1764	1624	735	175	21	1		
8	5040	13068	13132	6769	1960	322	28	1	
9	40320	109584	118124	67284	22449	4536	546	36	1

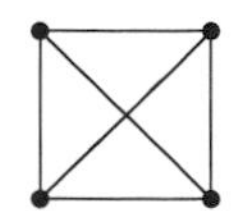 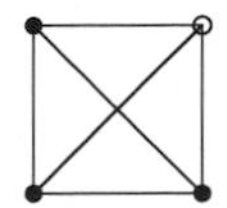 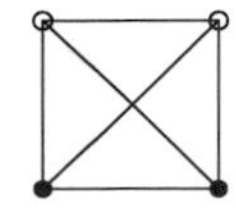 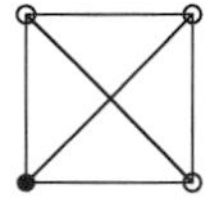 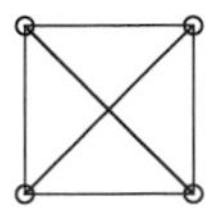

Abb. 4.1 Die Färbungen des vollständigen Graphen K_4 mit zwei Farben

Konjugiertenklassen

Eine weitere Fassung der Zyklenversion des Lemmas von Burnside ergibt sich anhand der Konjugiertenklassen der operierenden Gruppe.

Lemma 4.4 *Zwei Permutationen σ und τ der symmetrischen Gruppe S_n sind genau dann konjugiert, wenn sie den gleichen Typ haben.*

Beweis. Für jede Permutation $\sigma \in S_n$ und jeden k-Zyklus $(x_1, \ldots, x_k) \in S_n$ gilt:

$$\sigma(x_1, \ldots, x_k)\sigma^{-1} = (\sigma(x_1), \ldots, \sigma(x_k)), \tag{4.7}$$

denn $(\sigma(x_1, \ldots, x_k)\sigma^{-1})(\sigma(x_i)) = \sigma(x_1, \ldots, x_k)(x_i) = \sigma(x_{i+1})$, wenn $x_{k+1} = x_1$ gesetzt wird. Ferner gilt für jedes $x \notin \{\sigma(x_1), \ldots, \sigma(x_k)\}$ natürlich $(\sigma(x_1, \ldots, x_k)\sigma^{-1})(x) = x$. Allgemein gilt für jede mittels disjunkter Zyklen repräsentierte Permutation:

$$\begin{aligned}\sigma[(x_1, \ldots, x_k)(y_1, \ldots, y_l) \cdots]\sigma^{-1} &= (\sigma(x_1, \ldots, x_k)\sigma^{-1})(\sigma(y_1, \ldots, y_l)\sigma^{-1}) \cdots \\ &= (\sigma(x_1), \ldots, \sigma(x_k))(\sigma(y_1), \ldots, \sigma(y_l)) \cdots .\end{aligned}$$

Folglich haben konjugierte Permutationen vom Grad n den gleichen Typ.

Umgekehrt betrachte zwei Permutationen vom Grad n, die den gleichen Typ aufweisen:

$$\sigma = (u_1, \ldots, u_k)(v_1, \ldots, v_l) \cdots \text{ und } \tau = (x_1, \ldots, x_k)(y_1, \ldots, y_l) \cdots .$$

Setze $\pi(u_i) = x_i$, $\pi(v_j) = y_j$ und so weiter. Dann gilt nach (4.7):

$$\pi\sigma\pi^{-1} = (\pi(u_1), \ldots, \pi(u_k))(\pi(v_1), \ldots, \pi(v_l)) \cdots = \tau.$$

Also sind Permutationen vom Grad n konjugiert, wenn sie denselben Typ besitzen. $\diamond$

Seien $K_1, \ldots, K_r$ die Konjugiertenklassen einer Permutationsgruppe G. Alle Permutationen in einer Konjugiertenklasse K_j besitzen nach Lemma 4.4 die gleiche Zyklenzahl $l(K_j)$, $1 \leq j \leq r$. Demnach ist die Anzahl der Muster in der Zyklenversion des Lemmas von Burnside 4.3 wie folgt gegeben:

$$\frac{1}{|G|}\sum_{j=1}^{r}|K_j|\cdot|Y|^{l(K_j)}. \tag{4.8}$$

Beispielsweise besitzt die symmetrische Gruppe S_4 die folgenden Konjugiertenklassen:

$$\begin{aligned} K_1 &= \{\mathrm{id}\}, \\ K_2 &= \{(1,2),(1,3),(1,4),(2,3),(2,4),(3,4)\}, \\ K_3 &= \{(1,2)(3,4),(1,3)(2,4),(1,4)(2,3)\}, \\ K_4 &= \{(1,2,3),(1,3,2),(1,2,4),(1,4,2),(1,3,4),(1,4,3),(2,3,4),(2,4,3)\}, \\ K_5 &= \{(1,2,3,4),(1,2,4,3),(1,3,2,4),(1,3,4,2),(1,4,2,3),(1,4,3,2)\}. \end{aligned} \tag{4.9}$$

Die zugehörigen Typen sind der Reihe nach $[4,0,0,0]$, $[2,1,0,0]$, $[0,2,0,0]$, $[1,0,1,0]$ und $[0,0,0,1]$. Daher gilt für die Anzahl der Muster der Operation von S_4 auf der Menge der Färbungen Y^X mit $|X| = 4$ Stellen und $m = |Y|$ Farben:

$$\frac{1}{24}\left(m^4 + 6m^3 + 3m^2 + 8m^2 + 6m\right). \tag{4.10}$$

Im Falle $m = 2$ gibt es fünf Muster (Abb. 4.1); vergleiche dies mit dem Ausdruck (4.6).

Gewichtete Version

In der gewichteten Version des Lemmas von Burnside werden den Bahnen Gewichte zugeordnet. Diese Fassung kommt später im Satz von Pólya zum Einsatz.

Sei G eine auf einer Menge X operierende Gruppe und $\{O_1,\ldots,O_r\}$ die Menge der zugehörigen Bahnen. Betrachtet wird eine Abbildung $\omega : X \to \mathbb{R}$, die konstant auf den Bahnen ist; d. h. für alle G-äquivalenten Elemente $x, x' \in X$ gilt: $\omega(x) = \omega(x')$. Mit dieser Vorgabe kann jeder Bahn O ein *Gewicht* zugeordnet werden:

$$\omega(O) = \omega(x) \quad \text{für ein beliebiges } x \in O. \tag{4.11}$$

Satz 4.5 *Es operiere eine Gruppe G auf einer Menge X. Dann ist die Summe der gewichteten Bahnen gegeben durch*

$$\sum_{i=1}^{r}\omega(O_i) = \frac{1}{|G|}\sum_{g\in G}\sum_{x\in X_g}\omega(x). \tag{4.12}$$

Beweis. Wie im Beweis des Lemmas von Burnside ergibt sich anhand doppelter Abzählung (4.2):

$$\sum_{g\in G}\sum_{x\in X_g}\omega(x) = \sum_{x\in X}\sum_{g\in G_x}\omega(x).$$

Für die Summe auf der rechten Seite gilt der Reihe nach wegen der Disjunktheit der Vereinigung $X = \bigcup_{i=1}^{r} O_i$ der Bahnen, der Konstanz der Gewichte auf den Bahnen und dem Bahnensatz:

$$\begin{aligned}\sum_{i=1}^{r}\sum_{x\in O_i}\sum_{g\in G_x}\omega(x) &= \sum_{i=1}^{r}\omega(O_i)\sum_{x\in O_i}\sum_{g\in G_x}1 = \sum_{i=1}^{r}\omega(O_i)\sum_{x\in O_i}|G_x| \\ &= \sum_{i=1}^{r}\omega(O_i)\cdot|G(x)|\cdot|G_x| = \sum_{i=1}^{r}\omega(O_i)\cdot|G|.\end{aligned}$$

Aus den letzten beiden Gleichungen folgt die Behauptung. ◇

Im Falle der trivialen Gewichte $\omega(O) = 1$ für alle Bahnen O resultiert die ursprüngliche Fassung des Lemmas von Burnside.

4.2 Zyklenindexpolynome

Im Folgenden wird jeder Gruppenoperation ein multivariates Polynom zugeordnet, das anhand der Typen der Permutationen der zugehörigen Permutationsgruppe definiert ist.

Im Falle einer abstrakten Gruppe G, die auf einer Menge X operiert, wird zur zugehörigen Permutationsgruppe $\bar{G}$ nach Satz 3.1 übergegangen. Seien $z_1, \ldots, z_{|X|}$ Unbestimmte über $\mathbb{R}$. Das *Zyklenindexpolynom* (auch *Zyklenindex* oder *Zyklenzeiger*) von G über X ist ein Polynom im Polynomring $\mathbb{Q}[z_1, \ldots, z_{|X|}]$, definiert durch

$$Z_{G,X}\left(z_1, \ldots, z_{|X|}\right) = \frac{1}{|G|}\sum_{g\in G}\prod_{k=1}^{|X|} z_k^{l_k(\bar{g})}, \tag{4.13}$$

wobei $[l_1(\bar{g}), \ldots, l_{|X|}(\bar{g})]$ den Typ der dem Gruppenelement $g \in G$ zugeordneten Permutation $\bar{g} \in \bar{G}$ bezeichnet. Im Folgenden wird für das Polynom $Z_{G,X}$ auch Z_G geschrieben, wenn die Menge X aus dem Kontext ersichtlich ist. Zudem werden Unbestimmte z_k weggelassen, sofern sie nicht im Polynom auftreten.

Beispielsweise hat die triviale Operation einer Gruppe G auf einer Menge X das Zyklenindexpolynom $Z_G(z_1) = \frac{1}{|G|}|G|z_1^{|X|} = z_1^{|X|}$, weil die jeweils zugeordnete Permutation $\bar{g} = \mathrm{id}_X$ die identische Abbildung ist und den Typ $[|X|, 0, \ldots, 0]$ besitzt.

Im Falle der Operation einer Permutationsgruppe G vom Grad n auf der Menge $X = [n]$ nach (3.1) ist wegen $G = \bar{G}$ der *Zyklenzeiger* festgelegt durch:

$$Z_G(z_1, \ldots, z_n) = \frac{1}{|G|} \sum_{g \in G} \prod_{k=1}^{n} z_k^{l_k(g)}. \tag{4.14}$$

Dieses Polynom kann als Mittelwert der Zyklenindexmonome $\prod_{k=1}^{n} z_k^{l_k(g)}$ genommen über alle Permutationen der Gruppe G aufgefasst werden.

Beispielsweise gehören zu den Elementen der Diedergruppe D_4 in (2.29) der Reihe nach die folgenden Zyklenindexmonome: z_1^4, z_4, z_2^2, z_4, $z_1^2 z_2$, z_2^2, $z_1^2 z_2$, z_2^2. Daher hat der Zyklenzeiger die Form

$$Z_{D_4}(z_1, z_2, z_4) = \frac{1}{8}\left(z_1^4 + 2z_1^2 z_2 + 3z_2^2 + 2z_4\right). \tag{4.15}$$

Satz 4.6 *Der Zyklenzeiger der symmetrischen Gruppe S_n ist*

$$Z_{S_n}(z_1, \ldots, z_n) = \frac{1}{n!} \sum_{\substack{l_1, \ldots, l_n \geq 0 \\ 1 \cdot l_1 + 2 \cdot l_2 + \ldots + n \cdot l_n = n}} \frac{n!}{1^{l_1} l_1! 2^{l_2} l_2! \cdots n^{l_n} l_n!} z_1^{l_1} \cdots z_n^{l_n}. \tag{4.16}$$

Beweis. Die Anzahl der Permutationen von S_n mit l_k Zyklen der Länge k ist

$$\frac{n!}{l_1! l_2! \ldots l_n! 1^{l_1} 2^{l_2} \ldots n^{l_n}}. \tag{4.17}$$

Um dies zu zeigen, wird ein „Rahmen" für die Permutationen dieses Typs verwendet:

$$\overbrace{(\cdot)(\cdot)\ldots(\cdot)}^{l_1}\overbrace{(\cdot\cdot)(\cdot\cdot)\ldots(\cdot\cdot)}^{l_2}\overbrace{(\cdot\cdot\cdot)(\cdot\cdot\cdot)\ldots(\cdot\cdot\cdot)}^{l_3}\ldots$$

Dieser Rahmen wird mit allen Wörtern der Länge n über dem Alphabet $[n]$ gefüllt, wobei jeder Buchstabe genau einmal vorkommt. Es gibt $n!$ solche Wörter und jedes derartige Wort führt zu einer Permutation des gegebenen Typs. Die gleiche Permutation wird auf zwei Arten erhalten. Erstens, wenn Zyklen derselben Länge permutiert werden; es gibt $l_1! l_2! \ldots l_n!$ Permutationen von diesem Typ. Zweitens, wenn die Zyklen zyklisch verschoben werden; es existieren $1^{l_1} 2^{l_2} \ldots n^{l_n}$ Permutationen dieser Art, weil es k Möglichkeiten des zyklischen Schiebens eines Zyklus' der Länge k gibt. Daraus resultiert der Koeffizient (4.17).

Die Summation erstreckt sich über alle Permutationen vom Grad n oder gleichwertig über alle n-Tupel $(l_1, \ldots, l_n)$ nichtnegativer ganzer Zahlen, welche der Eigenschaft (2.14) genügen. ◇

Beispielsweise hat die symmetrische Gruppe S_4 nach (4.9) bzw. (4.16) den Zyklenzeiger

$$Z_{S_4}(z_1, \ldots, z_4) = \frac{1}{24}\left(z_1^4 + 6z_1^2 z_2 + 8z_1 z_3 + 3z_2^2 + 6z_4\right). \tag{4.18}$$

Etwa rührt der Term $3z_2^2$ von den drei Permutationen $(1,2)(3,4)$, $(1,3)(2,4)$ und $(1,4)(2,3)$ her.

Satz 4.7 *Der Zyklenzeiger der zyklischen Gruppe C_n ist*

$$Z_{C_n}(z_1,\ldots,z_n) = \frac{1}{n}\sum_{\substack{k\\ k|n}} \phi(k)\cdot z_k^{n/k}, \tag{4.19}$$

wobei ϕ die eulersche phi-Funktion bezeichnet.

Beweis. Die Gruppe C_n hat die Ordnung n. Für jeden Teiler k von n besitzt die Gruppe genau $\phi(k)$ Elemente mit der Zyklenzahl n/k. Jede solche Permutation besteht aus n/k Zyklen der Länge k. Dies erklärt den Term $\phi(k)\cdot z_k^{n/k}$. ◇

Beispielsweise besitzt die zyklische Gruppe C_8 die Elemente

$$\begin{array}{llll} \mathrm{id}=(), & \sigma=(1,2,3,4,5,6,7,8), & \sigma^2=(1,3,5,7)(2,4,6,8), & \sigma^3=(1,4,7,2,5,8,3,6),\\ \sigma^4=(1,5)(2,6)(3,7)(4,8), & \sigma^5=(1,6,3,8,5,2,7,4), & \sigma^6=(1,7,5,3)(2,8,6,4), & \sigma^7=(1,8,7,6,5,4,3,2) \end{array}$$

und hat somit den Zyklenzeiger

$$Z_{C_8}(z_1,z_2,z_4,z_8) = \frac{1}{8}\left(z_1^8+z_2^4+2z_4^2+4z_8\right). \tag{4.20}$$

Satz 4.8 *Der Zyklenzeiger der Diedergruppe D_n ist*

$$Z_{D_n}(z_1,\ldots,z_n) = \frac{1}{2}P_{C_n}(z_1,\ldots,z_n) + \begin{cases} \frac{1}{2}z_1z_2^{(n-1)/2} & falls\ n\ ungerade,\\ \frac{1}{4}\left(z_1^2z_2^{(n-2)/2}+z_2^{n/2}\right) & sonst. \end{cases}$$

Beweis. Der erste Term rührt von den Drehungen eines regulären n-Ecks her. Diese bilden eine zyklische Gruppe C_n, eine Untergruppe von D_n mit dem Index 2. Die restlichen Transformationen setzen sich nach (2.28) aus jeweils einer Spiegelung und einer Drehung zusammen.

Sei n ungerade. Betrachte die Spiegelung um die durch den Knoten 1 und den Schwerpunkt festgelegte Achse (Abb. 2.5). Diese hält den Knoten 1 fest und transponiert paarweise die restlichen $n-1$ Knoten. Es gibt für jeden Knoten eine derartige Transformation, also insgesamt n solche Transformationen, so dass der korrespondierende Term $\frac{1}{2n}nz_1z_2^{(n-1)/2} = \frac{1}{2}z_1z_2^{(n-1)/2}$ beträgt.

Sei n gerade. Erstens betrachte die Spiegelung um die durch zwei gegenüberliegenden Knoten verlaufende Achse (Abb. 2.5). Die beiden gewählten Knoten werden festgehalten, während die restlichen Knoten gepaart werden. Es existieren $n/2$ derartige Transformationen, so dass der korrespondierende Term mit $\frac{1}{2n}\frac{n}{2}z_1^2 z_2^{(n-2)/2} = \frac{1}{4}z_1^2 z_2^{(n-2)/2}$ zu Buche schlägt.

Zweitens betrachte die Spiegelung um die durch zwei gegenüberliegende Kanten definierte Achse (Abb. 2.5). Durch diese werden alle Knoten gepaart. Es gibt $n/2$ solche Transformationen, so dass der assoziierte Term durch $\frac{1}{2n}\frac{n}{2}z_2^{n/2} = \frac{1}{4}z_2^{n/2}$ gegeben ist. ◇

Beispielsweise lässt sich der Zyklenzeiger der Diedergruppe D_4 in (4.15) nach Satz 4.8 mit dem Zyklenzeiger $P_{C_4}(z_1, z_2, z_4) = \frac{1}{4}(z_1^4 + z_2^2 + 2z_4)$ schreiben als

$$P_{D_4}(z_1, z_2, z_4) = \frac{1}{8}\left(z_1^4 + z_2^2 + 2z_4\right) + \frac{1}{4}\left(z_1^2 z_2 + z_2^2\right). \tag{4.21}$$

Im Folgenden wird auch der Zyklenzeiger der Würfelgruppe WG in (2.30) benötigt:

$$Z_{\mathrm{WG}}(z_1, z_2, z_3, z_4) = \frac{1}{24}\left(z_1^6 + 3z_1^2 z_2^2 + 6z_1^2 z_4 + 6z_2^3 + 8z_3^2\right). \tag{4.22}$$

Zyklenindexpolynome stehen in Relation zur Zyklenversion des Lemmas von Burnside.

Satz 4.9 *Es operiere eine Permutationsgruppe G von X auf der Menge der Färbungen Y^X. Die Anzahl der zugehörigen Muster ist $Z_G(|Y|, \ldots, |Y|)$.*

Beweis. Nach (4.14) und (2.14) gilt:

$$Z_G(|Y|, \ldots, |Y|) = \frac{1}{|G|}\sum_{g \in G}\prod_{k=1}^{|X|}|Y|^{l_k(g)} = \frac{1}{|G|}\sum_{g \in G}|Y|^{l(g)},$$

woraus mit Satz 4.3 die Behauptung folgt. ◇

Beispielsweise liefert die Operation der Diedergruppe D_4 auf der Menge der Halsketten mit vier Perlen und m Farben nach Satz 4.9 und (4.15) den folgenden Ausdruck als Musteranzahl:

$$Z_{D_4}(m, \ldots, m) = \frac{1}{8}\left(m^4 + 2m^3 + 3m^2 + 2m\right). \tag{4.23}$$

Im Falle $m = 2$ gibt es sechs unterschiedliche Muster, die schon in (3.17) dargestellt wurden.

4.3 Der Abzählsatz von Pólya

Der gefeierte Abzählsatz von Pólya besitzt als Ausgangspunkt die gewichtete Fassung des Lemmas von Burnside. Die Gewichtssumme der Muster wird nach Pólya (1887–1985) durch den Zyklenzeiger der involvierten Gruppe ausgedrückt. Dies hat weitergehende Konsequenzen.

Seien X, Y Mengen und G eine Permutationsgruppe von X. Dann operiert die Gruppe G auf der Menge X gemäß (3.1). Diese Operation kann auf der Menge der Färbungen Y^X nach Satz 3.7 fortgesetzt werden.

Jeder Farbe $y \in Y$ wird ein *Gewicht* $w(y)$ in Form einer rationalen Zahl oder eines allgemeineren Ausdrucks zugeordnet, etwa aus einem kommutativen Ring R, der den Körper der rationalen Zahlen $\mathbb{Q}$ als Teilring enthält. Eine Abbildung $w : Y \to R$ heißt *Gewichtsverteilung* und der Ausdruck $\sum_y w(y)$ wird *Gewichtssumme* der Farbmenge Y genannt. Eine Gewichtverteilung $w : Y \to R$ der Farbmenge liefert eine *Gewichtsverteilung* $w : X^Y \to R$ der Färbungsmenge:

$$w(f) = \prod_{x \in X} w(f(x)). \tag{4.24}$$

Lemma 4.10 *Für jede Gewichtsverteilung $w : Y \to R$ der Farbmenge ist die Gewichtsverteilung $w : Y^X \to R$ der Färbungsmenge konstant auf den Mustern.*

Beweis. Für beliebige $f \in Y^X$ und $g \in G$ gilt:

$$w(f) = \prod_{x \in X} w(f(x)) = \prod_{x \in X} w\left(f\left(g^{-1}x\right)\right) = \prod_{x \in X} w(gf(x)) = w(gf),$$

weil in der zweiten Gleichung mit x auch $g^{-1}x$ die gesamte Menge X durchläuft. ◇

Sei $\{O_1, \ldots, O_r\}$ die Menge der Muster der Operation von G auf Y^X. Das *Gewicht* eines Musters O_i kann nach Lemma 4.10 anhand eines beliebigen Elements des Musters festgelegt werden:

$$w(O_i) = w(f_i) \quad \text{für beliebiges } f_i \in O_i. \tag{4.25}$$

Satz 4.11 (Pólya) *Seien X, Y Mengen, G eine Permutationsgruppe von X und $w : Y \to R$ eine Gewichtsverteilung der Farbmenge.*

Die Gewichtssumme der Muster der Operation von G auf Y^X wird durch Einsetzen der Gewichtssumme der Farbmenge und ihrer Potenzsummen in den Zyklenzeiger der Gruppe G erhalten:

$$\sum_{i=1}^{r} w(O_i) = Z_G\left(\sum_{y\in Y} w(y), \sum_{y\in Y} w(y)^2, \ldots, \sum_{y\in Y} w(y)^{|X|}\right). \quad (4.26)$$

Beweis. Nach der Verallgemeinerung des Lemmas von Burnside 4.5 gilt:

$$\sum_{i=1}^{r} w(O_i) = \frac{1}{|G|}\sum_{g\in G}\sum_{f\in(Y^X)_g} w(f). \quad (4.27)$$

Eine Färbung $f : X \to Y$ gehört nach dem Beweis von Lemma 4.2 zur Fixpunktmenge $(Y^X)_g$ genau dann, wenn die Färbung f konstant auf den disjunkten Zyklen der Permutation $g \in G$ ist. Schreibe $g = \gamma_1 \cdots \gamma_l$ als Produkt von disjunkten Zyklen. Dann gilt:

$$\sum_{f\in(Y^X)_g} w(f) = \sum_{(y_1,\ldots,y_l)\in Y^l}\prod_{k=1}^{l} w(y_k)^{|\gamma_k|}, \quad (4.28)$$

wobei $|\gamma_k|$ die Länge des Zyklus γ_k bezeichnet; der Term $w(y_k)^{|\gamma_k|}$ gibt an, dass alle Elemente des Zyklus γ_k mit $w(y_k)$ gewichtet sind. Besitzt die Permutation g genau $l_k(g)$ Zyklen der Länge k, $1 \le k \le |X|$, dann folgt durch Umordnung der rechten Seite in (4.28) sofort

$$\sum_{f\in(Y^X)_g} w(f) = \prod_{k=1}^{|X|}\left(\sum_{y\in Y} w(y)^k\right)^{l_k(g)}. \quad (4.29)$$

Wird der Ausdruck (4.29) in die rechte Seite (4.27) eingesetzt, so resultiert mit der Setzung $z_k = \sum_{y\in Y} w(y)^k$ der nach (4.14) gesuchte Zyklenzeiger. ◇

Beispielsweise ergibt sich bei der Operation der Diedergruppe D_4 auf der Menge der Halsketten mit vier Perlen und zwei Farben, genauer Stellenmenge $X = [4]$ und Farbmenge $Y = \{b, r\}$, sowie trivialer Gewichtung $w(b) = w(r) = 1$ nach dem Pólyaschen Satz und (4.15) die schon in (4.23) errechnete Lösung:

$$Z_{D_4}\left(\sum_{y\in Y} 1, \sum_{y\in Y} 1^2, \ldots\right) = Z_{D_4}(2, 2, \ldots) = \frac{1}{8}\left(2^4 + 2\cdot 2^2\cdot 2 + 3\cdot 2^2 + 2\cdot 2\right) = 6.$$

Im Folgenden werden die Farben $y \in Y$ als Unbestimmte über $\mathbb{Q}$ aufgefasst; die Gewichtsverteilung ordnet den Farben Variablen (gleichen Namens) zu: $w : Y \to \mathbb{Q}[Y] : y \mapsto y$. Der Ring R wird damit zum Polynomring $R = \mathbb{Q}[Y]$ in den kommutierenden Variablen $y \in Y$. In dieser Setzung wird die Gewichtssumme $\sum_{y\in Y} y$ zu einem Polynom in R, genannt *Farbpolynom*; die Summen $\sum_{y\in Y} y^k$ mit $k \ge 1$ heißen auch *Potenzsummen*. Der Ausdruck (4.26) wird ebenfalls zu einem Polynom in R, genannt *Anzahlpolynom der Muster* oder *Mustervorrat*. Das Anzahlpolynom der Muster gestattet eine Abzählung der Muster nach Gewicht!

Satz 4.12 (Pólya) *Seien X, Y Mengen, G eine Permutationsgruppe von X und $w : Y \to \mathbb{Q}[Y] : y \mapsto y$ eine Gewichtsverteilung der Farbmenge.*

Im Anzahlpolynom der Muster der Operation von G auf Y^X gibt der Koeffizient des Monoms $\prod_y y^{I(f,y)}$ die Anzahl derjeniger Muster an, deren Elemente den gleichen Inhalt haben wie die Färbung $f \in Y^X$.

Beweis. Für das Gewicht einer Färbung $f \in Y^X$ gilt:

$$w(f) = \prod_{x \in X} f(x) = \prod_{y \in Y} y^{I(f,y)}, \tag{4.30}$$

wobei $I(f, y)$ die Anzahl der Stellen $x \in X$ angibt, die mit $f(x) = y \in Y$ gefärbt sind.

Sei $\{O_1, \ldots, O_r\}$ die Menge der Muster der Operation von G auf Y^X. Das Gewicht eines Musters O_j kann nach Lemma 4.10 durch ein beliebiges Element des Musters $f_j \in O_j$ definiert werden. Somit gilt für das Anzahlpolynom der Muster:

$$\sum_{j=1}^{r} w(O_j) = \sum_{j=1}^{r} w(f_j) = \sum_{j=1}^{r} \prod_{y \in Y} y^{I(f_j,y)}. \tag{4.31}$$

Seien $f_{j_1}, \ldots, f_{j_t}$ die Färbungen mit unterschiedlichem Inhalt. Dann ergibt die Zusammenfassung gleicher Monome in (4.31) die Darstellung

$$\sum_{j=1}^{r} w(O_j) = \sum_{k=1}^{t} \alpha_{j_k} \prod_{y \in Y} y^{I(f_{j_k},y)}, \tag{4.32}$$

wobei α_{j_k} die Vielfachheit der Muster mit dem gleichen Inhalt wie die Färbung f_{j_k} angibt, $1 \leq k \leq t$. ◇

Halskettenproblem

Betrachte die Operation der Diedergruppe D_4 auf der Menge der Halsketten mit vier Perlen und zwei Farben; $X = [4]$ ist die Stellenmenge und $Y = \{b, r\}$ die Farbmenge. Werden die Farben als Variablen aufgefasst, dann ordnet die Gewichtsverteilung $w : X^Y \to \mathbb{Q}[b, r]$ jeder Färbung ein Monom in den Variablen b und r zu:

$$\begin{aligned}
w(bbbb) &= b^4, \\
w(bbbr) &= w(bbrb) = w(brbb) = w(rbbb) = b^3 r, \\
w(bbrr) &= w(brbr) = w(brrb) = w(rbbr) = w(rbrb) = w(rrbb) = b^2 r^2, \\
w(brrr) &= w(rbrr) = w(rrbr) = w(rrrb) = br^3, \\
w(rrrr) &= r^4.
\end{aligned} \tag{4.33}$$

Für die Gewichtung der Muster (3.17) gilt:

$$w(O_1) = b^4,\ w(O_2) = b^3r,\ w(O_3) = w(O_4) = b^2r^2,\ w(O_5) = br^3 \text{ und } w(O_6) = r^4. \quad (4.34)$$

Durch Einsetzen des Farbpolynoms $b+r$ und der zugehörigen Potenzsummen in den Zyklenzeiger (4.15) der Gruppe D_4 resultiert das Anzahlpolynom der Muster:

$$Z_{D_4}\left(b+r, b^2+r^2, b^4+b^4\right) = b^4 + b^3r + 2b^2r^2 + br^3 + r^4 \in \mathbb{Q}[b, r]. \quad (4.35)$$

Demnach gibt es ein Muster mit vier blauen Perlen (b^4), ein Muster mit drei blauen Perlen und einer roten Perle (b^3r), ein Muster mit einer blauen Perle und drei roten Perlen (br^3) und ein Muster mit vier roten Perlen (r^4), aber zwei Muster mit je zwei blauen und zwei roten Perlen ($2b^2r^2$).

Sechsseitiger Würfel
Betrachte die Färbung der Flächen eines sechsseitigen Würfels mit zwei Farben. Das Anzahlpolynom der Muster entsteht durch Einsetzen des Farbpolynoms $b+r$ und der zugeordneten Potenzsummen in den Zyklenzeiger (4.22) der Gruppe WG:

$$Z_{WG}\left(b+r, b^2+r^2, b^3+r^3, b^4+r^4\right) = b^6 + b^5r + 2b^4r^2 + 2b^3r^3 + 2b^2r^4 + br^5 + r^6 \in \mathbb{Q}[b, r].$$

Die Summe der Koeffizienten zeigt, dass es zehn verschiedene Muster gibt. Beispielsweise gibt der Koeffizient des Monoms b^4r^2 an, dass es zwei Muster mit je vier blauen und zwei roten Flächen gibt (Abb. 4.2).

Graphen
Der Pólyasche Satz liefert eine Abzählung der Graphen mit n Knoten und als Verfeinerung eine Abzählung dieser Graphen hinsichtlich der Anzahl der Kanten; der Einfachheit halber werden Graphen mit der Knotenmenge $V = [n]$ betrachtet. Die Kanten eines solchen Graphen bilden definitionsgemäß eine zweielementige Teilmenge von $[n]$. Daher kann ein solcher Graph G als eine Abbildung f von der Menge der zweielementigen Teilmengen $\binom{[n]}{2}$ von $[n]$ in die Menge $\{0, 1\}$ aufgefasst werden, wobei die Kantenmenge durch diejenigen 2-Teilmengen $\{u, v\}$ beschrieben wird, die auf das Element 1 abgebildet werden; für die Kantenmenge gilt also $E = \{\{u, v\} \mid f(\{u, v\}) = 1\}$ (Abb. 2.8).

Im Hinblick auf die Terminologie des Satzes von Pólya sei $X = \binom{[n]}{2}$ die Stellenmenge und $Y = \{0, 1\}$ die Farbmenge. Nach den obigen Ausführungen gibt es eine umkehrbar eindeutige

Abb. 4.2 Spielewürfel mit vier blauen und zwei roten Farben

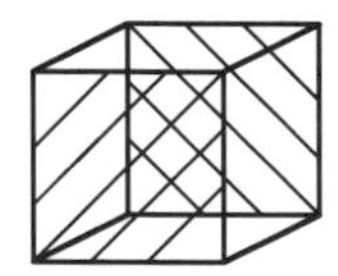

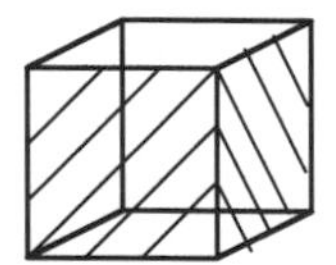

Beziehung zwischen den Graphen G mit der Knotenmenge $V = [n]$ und den Färbungen f in der Menge Y^X. Graphen dieser Art werden *markiert* genannt, weil die Knoten mit den Elementen aus $[n]$ durchnummeriert sind.

Die symmetrische Gruppe S_n operiert nach (3.1) auf der Menge $V = [n]$. Diese Operation wird auf der Menge $\binom{[n]}{2}$ wie folgt fortgesetzt:

$$S_n \times \binom{[n]}{2} \to \binom{[n]}{2} : (\sigma, \{u, v\}) \mapsto \{\sigma u, \sigma v\}. \tag{4.36}$$

Jeder Permutation σ der Menge $[n]$ wird dadurch eine Permutation $\bar{\sigma}$ der Menge $\binom{[n]}{2}$ zugeordnet. Die induzierte Gruppe $S_n^{(2)} = \{\bar{\sigma} \mid \sigma \in S_n\}$ wird *ungeordnete Paargruppe vom Grad* n genannt.

Somit operiert die ungeordnete Paargruppe $S_n^{(2)}$ nach (3.15) auch auf der Menge Y^X der markierten Graphen. Die Muster dieser Operation sind nach (2.31) die Isomorphieklassen von Graphen mit n Knoten und die Stabilisatoren sind die Automorphismengruppen dieser Graphen. Diese Muster werden auch *unmarkierte Graphen* mit n Knoten genannt.

Mit der Setzung der Gewichte $w(0) = 1$ und $w(1) = x$ wird das Farbpolynom $1+x \in \mathbb{Q}[x]$ festgelegt. Als Gewicht eines Graphen mit n Knoten und m Kanten wird das Monom x^m betrachtet. Dann ergibt sich nach Pólya das Anzahlpolynom der unmarkierten Graphen mit n Knoten durch Einsetzen des Farbpolynoms $1 + x$ und der zugeordneten Potenzsummen in den Zyklenzeiger der Gruppe $S_n^{(2)}$:

$$Z_{S_n^{(2)}}\left(1 + x, 1 + x^2, \ldots, 1 + x^{\binom{n}{2}}\right) \in \mathbb{Q}[x]. \tag{4.37}$$

Im Falle $n = 4$ ist der Zyklenzeiger der auf der Menge [4] operierenden Gruppe S_4 wie folgt gegeben:

$$Z_{S_4}(z_1, \ldots, z_4) = \frac{1}{24}\left(z_1^4 + 6z_1^2 z_2 + 8z_1 z_3 + 3z_2^2 + 6z_4\right). \tag{4.38}$$

Im Folgenden wird jedoch der Zyklenzeiger der auf der Menge $\binom{[4]}{2}$ operierenden ungeordneten Paargruppe $S_4^{(2)}$ benötigt:

$$Z_{S_4^{(2)}}(z_1, \ldots, z_4) = \frac{1}{24}\left(z_1^6 + 6z_1^2 z_2^2 + 8z_3^2 + 3z_2^3 + 6z_2 z_4\right). \tag{4.39}$$

Dieses Polynom wird erhalten, indem die Wirkung jeder Permutation $\sigma \in S_4$ auf $\binom{[4]}{2}$ wie in (4.36) fortgesetzt wird. Beispielsweise induziert die Permutation $\sigma = (12)$ von [4] eine Permutation $\bar{\sigma}$ von $\binom{[4]}{2}$, wobei $\{1, 2\}$ und $\{3, 4\}$ invariant bleiben sowie $\{2, 3\}$ auf $\{1, 3\}$ und $\{2, 4\}$ auf $\{1, 4\}$ abgebildet werden; dies ergibt die induzierte Permutation

$$\bar{\sigma} = (\{1, 2\})\,(\{3, 4\})\,(\{2, 3\}, \{1, 3\})\,(\{2, 4\}, \{1, 4\})\,;$$

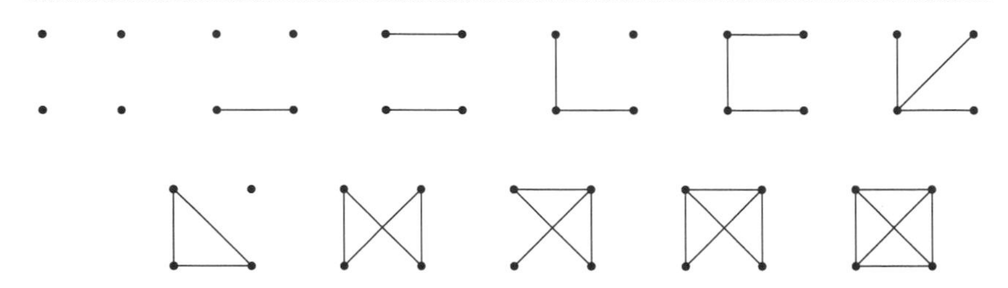

Abb. 4.3 Die unmarkierten Graphen (Muster) mit vier Knoten

diese liefert den Beitrag $z_1^2 z_2^2$ zum Zyklenzeiger (4.39). Das Anzahlpolynom der unmarkierten Graphen mit vier Knoten resultiert nach Pólya durch Einsetzen des Farbpolynoms in den Zyklenzeiger der Gruppe $S_4^{(2)}$:

$$Z_{S_4^{(2)}}\left(1+x,\ldots,1+x^6\right) = 1+x+2x^2+3x^3+2x^4+x^5+x^6 \in \mathbb{Q}[x]. \quad (4.40)$$

Die Summe der Koeffizienten zeigt, dass es elf verschiedene unmarkierte Graphen mit vier Knoten gibt (Abb. 4.3). Der Koeffizient des Monoms x^m gibt die Anzahl der unmarkierten Graphen mit vier Knoten und m Kanten an. Beispielsweise besagt der Term $2x^4$, dass es zwei verschiedene unmarkierte Graphen mit vier Knoten und vier Kanten gibt.

Verallgemeinerte Version

In der verallgemeinerten Fassung des Pólyaschen Satzes wird im univariaten Fall von einer Anzahlpotenzreihe der Farben (anstatt eines Farbpolynoms) ausgegangen:

$$t(x) = \sum_{n=0}^{\infty} t_n x^n, \quad (4.41)$$

wobei der Koeffizient t_n die Anzahl der Farben mit Gewicht $n \geq 0$ bezeichnet. Auf die Konvergenz der auftretenden Potenzreihen wird nicht näher eingegangen.

Der Pólyasche Satz liefert dann die Anzahlpotenzreihe der Muster durch Einsetzen der Anzahlpotenzreihe der Farben in den Zyklenzeiger der Symmetriegruppe:

$$T(x) = Z_G\left(t(x), t(x^2), \ldots, t(x^{|X|})\right). \quad (4.42)$$

Im Falle von m Farben vom Gewicht 0 ergibt sich $t(x) = m$ und somit in Übereinstimmung mit Satz 4.9 die ursprüngliche Situation:

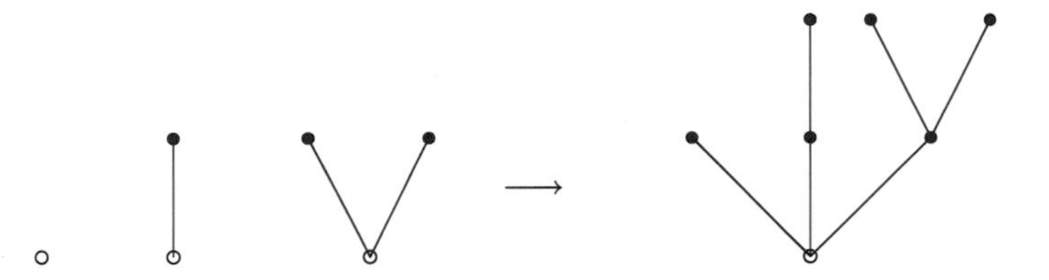

Abb. 4.4 Konstruktion eines Wurzelbaums aus einer Wurzel und drei Ästen (Wurzel ∘)

$$T(0) = Z_G(m, m, \ldots, m)\,. \tag{4.43}$$

Wurzelbäume

Die Abzählung von Wurzelbäumen, Bäumen und Alkoholmolekülen mithilfe der verallgemeinerten Fassung des Pólyaschen Satzes zählt zu den gefeierten Resultaten der Kombinatorik. Deshalb wird zum Abschluss nochmals auf die in der Einführung erwähnte Abzählung von Wurzelbäumen eingegangen. Ausgangspunkt ist die Anzahlpotenzreihe für Wurzelbäume:

$$T(x) = \sum_{n=1}^{\infty} T_n x^n, \tag{4.44}$$

wobei T_n die Anzahl der Wurzelbäume mit n Knoten bezeichnet. Diese Potenzreihe lässt sich als Summe von unendlich vielen Potenzreihen schreiben:

$$T(x) = \sum_{n=0}^{\infty} T^{(n)}(x), \tag{4.45}$$

wobei $T^{(n)}(x)$ die Anzahlpotenzreihe für diejenigen Wurzelbäume ist, von deren Wurzel genau n Äste ausgehen. Insbesondere zählt $T^{(0)}(x) = x$ den trivialen Wurzelgraphen mit einer „kahlen Wurzel" und $T^{(1)}(x) = xT(x)$ die Setzbäume; in einem *Setzbaum* hat die Wurzel nur einen einzigen Ast. Ein Wurzelbaum mit n Ästen an der Wurzel kann durch Aufpflanzen von Wurzelbäumen auf diesen Ästen konstruiert werden (Abb. 4.4).

Es wird zuerst danach gefragt, wie viele Wurzelbäume durch Aufpflanzen von Wurzelbäumen auf n Ästen einer Wurzel erreicht werden können. Im Sinne der Pólyaschen Theorie entspricht einem solchen Wurzelbaum W eine Abbildung (Färbung) f von der Menge $X = [n]$ der Äste (Stellen) an der Wurzel in die Menge Y der Wurzelbäume (Farben). Zwei solche Abbildungen f_1, f_2 liefern genau dann den gleichen Wurzelbaum, wenn für jeden Ast $x \in X$ der aufgepflanzte Wurzelbaum W_x bei f_1 genauso oft vorkommt wie bei f_2. Die Symmetriegruppe eines derartigen Wurzelbaums ist also die symmetrische Gruppe S_n.

Jeder Wurzelbaum mit m Knoten erhält als Gewicht das Monom x^m. Dann ist im übertragenen Sinne $T(x)$ die Anzahlpotenzreihe der Farben, S_n die Symmetriegruppe und $T^{(n)}$ die Anzahlpotenzreihe der Muster. Also gilt nach dem Satz von Pólya (4.42):

$$T^{(n)}(x) = xZ_{S_n}\left(T(x), T(x^2), \ldots, T(x^n)\right), \tag{4.46}$$

wobei der Faktor x in den Wurzelbäumen die Wurzel berücksichtigt. Der Pólyasche Satz kann ohne Weiteres auch bei Vorliegen unendlich vieler Farben angewendet werden.

Für die erzeugende Funktion der Zyklenzeiger der symmetrischen Gruppen (4.16) gilt:

$$\begin{aligned}
\sum_{n=0}^{\infty} z^n Z_{S_n}(z_1, z_2, \ldots) &= \sum_{n=0}^{\infty} z^n \sum_{1\cdot l_1+2\cdot l_2+\ldots=n} \frac{z_1^{l_1} z_2^{l_2}\cdots}{1^{l_1} l_1! 2^{l_2} l_2! \cdots} \\
&= \sum_{n=0}^{\infty} \sum_{1\cdot l_1+2\cdot l_2+\ldots=n} \frac{(z^1 z_1)^{l_1} (z^2 z_2)^{l_2}\cdots}{1^{l_1} l_1! 2^{l_2} l_2! \cdots} \\
&= \sum_{(l_1, l_2, \ldots)} \frac{1}{l_1!} \left(\frac{z^1 z_1}{1}\right)^{l_1} \frac{1}{l_2!} \left(\frac{z^2 z_2}{1}\right)^{l_2} \cdots \qquad (4.47) \\
&= \left(\sum_{l_1=0}^{\infty} \frac{1}{l_1!} \left(\frac{z^1 z_1}{1}\right)^{l_1}\right) \left(\sum_{l_2=0}^{\infty} \frac{1}{l_2!} \left(\frac{z^2 z_2}{2}\right)^{l_2}\right) \cdots \\
&= \exp\left(\frac{z^1 z_1}{1}\right) \exp\left(\frac{z^2 z_2}{2}\right) \cdots = \exp\left(\sum_{k=1}^{\infty} \frac{1}{k} z^k z_k\right).
\end{aligned}$$

Mit der Setzung $z = 1$ folgt:

$$\sum_{n=0}^{\infty} Z_{S_n}\left(T(x), T(x^2), \ldots, T(x^n)\right) = \exp\left(\sum_{k=1}^{\infty} \frac{1}{k} T(x^k)\right). \qquad (4.48)$$

Aus den Gl. (4.45), (4.46) und (4.48) ergibt sich:

$$T(x) = x \exp\left(\sum_{k=1}^{\infty} \frac{1}{k} T(x^k)\right). \qquad (4.49)$$

Daraus erschließt sich durch Koeffizientenvergleich die Anzahlpotenzreihe für Wurzelbäume:

$$T(x) = x + x^2 + 2x^3 + 4x^4 + 9x^5 + 20x^6 + 48x^7 + 115x^8 + 286x^9 + 719x^{10} + 1842x^{11} + 4766x^{12} + \ldots .$$

Bäume

Die Anzahlpotenzreihe der Bäume

$$B(x) = \sum_{n=1}^{\infty} B_n x^n \qquad (4.50)$$

kann anhand der Anzahlpotenzreihe der Wurzelbäume wie folgt repräsentiert werden:

$$B(x) = T(x) - \frac{1}{2}\left(T^2(x) - T(x^2)\right). \tag{4.51}$$

Daraus resultiert die Anzahlpotenzreihe für Bäume:

$$B(x) = x + x^2 + x^3 + 2x^4 + 3x^5 + 6x^6 + 11x^7 + 23x^8 + 47x^9 + 106x^{10} + 235x^{11} + 551x^{12} + \ldots.$$

Ternäre Wurzelbäume

Bei der Abzählung von ternären Wurzelbäumen ist die Situation etwas anders. Ein *ternärer Wurzelbaum* ist ein Wurzelbaum, in dem jeder Nichtblattknoten genau drei ausgehende Kanten besitzt (Abb. 4.5).

Im Gegensatz zu allgemeinen Wurzelbäumen wird bei der Konstruktion von ternären Wurzelbäumen eine Wurzel mit drei Ästen versehen und auf jeden Ast ein ternärer Wurzelbäum gepflanzt. Folglich stimmt im übertragenen Sinne die Anzahlpotenzreihe der Farben $t(x)$ mit der Anzahlpotenzreihe der Muster $T(x)$ überein. Weiter ist die symmetrische Gruppe S_3 die Symmetriegruppe der ternären Wurzelbäume. Mit dem Zyklenzeiger der symmetrischen Gruppe S_3,

$$Z_{S_3}(z_1, z_2, z_3) = \frac{1}{6}\left(z_1^3 + 3z_1z_2 + 2z_3\right), \tag{4.52}$$

ergibt sich nach Pólyas Resultat (4.42) die Funktionalgleichung

$$T(x) = 1 + xZ_{S_3}\left(T(x), T(x^2), T(x^3)\right), \tag{4.53}$$

wobei der Beitrag 1 dem Wurzelbaum mit null Knoten entspricht und mit dem Faktor x in den weiteren ternären Wurzelbäumen die Wurzel berücksichtigt wird. Durch Koeffizientenvergleich erwächst die Anzahlpotenzreihe für die ternären Wurzelbäume:

$$T(x) = 1+x+x^2+2x^3+4x^3+8x^4+17x^5+39x^6+89x^7+211x^8+507x^9+1238x^{10}+3057x^{11}+7639x^{12}+\ldots.$$

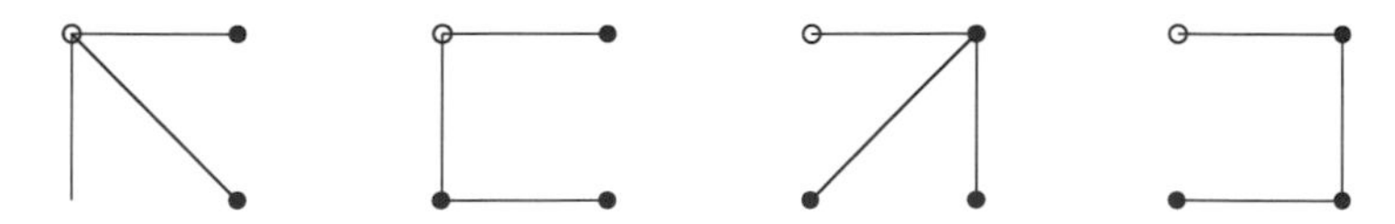

Abb. 4.5 Die ternären Wurzelbäume mit vier Knoten (Wurzel ∘, Blätter nicht dargestellt)

Historie und Zusammenfassung 5

Die Suche nach kombinatorischen Mustern ist so alt wie die Zivilisation. Die Verwendung von binären n-Tupeln kann bis ins alte China, Indien und Griechenland zurückverfolgt werden. Aufzeichnungen für die Benutzung von Permutationen stammen hingegen erst aus der Frühen Neuzeit. Eine kuriose Aufgabe über die Anzahl der Permutationen eines von einem Jesuitenpriester namens Bernard Bauhuis stammenden Verses erweckte die Aufmerksamkeit von mehreren prominenten Mathematikern des 17. Jahrhunderts, darunter der junge Leibniz und Bernoulli. Mengenpartitionen traten erstmals in einem Gesellschaftsspiel im Japan des 16. Jahrhunderts auf, die Stirling-Zahlen zweiter Art entdeckte später Stirling (1730) in einem rein algebraischen Kontext. Zahlpartitionen waren zum ersten Mal Gegenstand der Untersuchung in einer Arbeit von de Moivre (1697) über die Potenzierung von multivariaten Polynomen.

Bäume tauchten implizit in der Arbeit von Kirchhoff (1847) bei der Berechnung von Strömen in elektrischen Netzwerken auf. Einen anderen Zugang zu Bäumen bestritt später Cayley (1875), als er sich mit der Abzählung der Isomere gesättigter Kohlenwasserstoffe C_nH_{2n+2} beschäftige. Cayley war an der Enumeration von Bäumen im Allgemeinen interessiert und konnte unter anderem eine Formel für die Anzahl der Wurzelbäume aufstellen: $T(x) = x \prod_{n=1}^{\infty}(1 - x^n)^{-T_n}$. Auch der bekannte Ausdruck n^{n-2} für die Anzahl der Bäume mit n markierten Knoten entstammt seiner Feder.

Das Problem der Abzählung nach Mustern wurde erstmals von Redfield (1927) aufgegriffen. Er definierte eine „group reduction function“, die dem Zyklenzeiger gleichkommt, und konnte damit im Sinne des Abzählsatzes von Pólya unter anderem das Abzählproblem der Knotenfärbung von Würfeln mit zwei Farben lösen. Allerdings blieb seine Arbeit bis in die 1960iger Jahre weitestgehend unbekannt.

Unabhängig von Redfield untersuchte Pólya (1937) das Problem der Abzählung von Mustern. In einem längeren Aufsatz, der schnell als Meilenstein der

K. Zimmermann, *Abzähltheorie nach Pólya,* essentials,
https://doi.org/10.1007/978-3-658-36498-4_5

Kombinatorik wahrgenommen wurde, definierte er den Begriff des Zyklenzeigers – nachweislich ohne Kenntnis der Arbeit von Redfield. Diese Abhandlung enthält einen einzigen Hauptsatz, der ihn in die Lage versetzte, Klassen von Graphen und chemischen Formeln abzuzählen. Damit konnten über die Jahre hinweg viele Anzahlprobleme von Mustern bewältigt werden. Einen Überblick über die in diesem Zusammenhang gelösten und ungelösten Anzahlprobleme in der Graphentheorie gibt das Buch von Harary (1974).

Das Lemma von Burnside verdient besondere Erwähnung. Es wird manchmal auch als „Cauchy-Frobenius Lemma" oder als „The Lemma that is not Burnside's" bezeichnet. In der Tat hatte Burnside (1897) dieses Lemma in seinem Buch über endliche Gruppen bewiesen und es Frobenius (1887) zugeschrieben. Allerdings war diese Formel schon Cauchy (1845) bekannt.

Im Winter 1978 hielten Pólya und Tarjan an der Stanford Universität einen gemeinsamen Kurs mit dem Titel „Introduction to Combinatorics". Pólya las den ersten Teil im Wesentlichen über den Pólyaschen Satz und Tarjan den zweiten Teil. Im Vorwort des hierzu veröffentlichten Büchleins (1983) schrieb Tarjan: „Working with Pólya, who was over ninety years old at the time, was every bit as rewarding as I had hoped it would be. His creativity, intelligence, warmth and generosity of spirit, and wonderful gift for teaching continue to be an inspiration for me."

Die Kombinatorik ist ein Zweig der Mathematik, der auch in der Informatik eine wichtige Rolle spielt. Einerseits führen die Eigenschaften von Graphen und anderer kombinatorischer Objekte oftmals direkt zu rechentechnischen Lösungsverfahren von graphentheoretischen Problemen, die weit verbreitete Anwendungen auch in anderen Bereichen besitzen. Andererseits liefern kombinatorische Methoden eine ganze Reihe von analytischen Werkzeugen zur Abschätzung der Komplexität von Algorithmen.

Die Kombinatorik wird in drei Gebiete unterteilt: enumerative, existenzielle und konstruktive Kombinatorik. Die enumerative Kombinatorik beschäftigt sich mit der Abzählung kombinatorischer Objekte; Anschauungsmaterial hierfür liefert der Pólyasche Satz. Die existenzelle Kombinatorik untersucht die Existenz oder Nichtexistenz von kombinatorischen Konfigurationen, etwa mithilfe des Schubfachprinzips und seiner Verallgemeinerung im Rahmen der Ramseytheorie. Demgegenüber setzt sich die konstruktive Kombinatorik mit Methoden für das Auffinden spezifischer Konfigurationen auseinander, etwa der Konstruktion von Repräsentanten von Mustern wie etwa bei Betten et al. (1999) und Kerber (1999) beschrieben.

Das vorliegende *essential* soll den Lesern einen Einblick in die Abzähltheorie nach Pólya verschaffen. Der kurz und bündige Leitspruch lautet: Das Anzahlpolynom der Muster wird durch Einsetzen des Farbpolynoms in den Zyklenzeiger der Symmetriegruppe erhalten, bzw. die Anzahlpotenzreihe der Muster ergibt sich durch Einsetzen der Anzahlpotenzreihe der Farben in den Zyklenzeiger der Symmetriegruppe. Dieses Theorem geht weit über die elementare Kombinatorik hinaus, die sich bekanntlich mit Kombinationen, Permutationen, Variationen und Partitionen beschäftigt und keiner weitergehenden Kenntnisse aus Algebra und Analysis bedarf.

Ausgangspunkt der Überlegungen in diesem Büchlein ist die Einführung von Gruppen im Allgemeinen und von Symmetriegruppen kombinatorischer Objekte im Besonderen. Anhand des Konzepts der Gruppenoperation gelingt es, die Anzahlbestimmung von Mustern vermöge des Lemmas von Burnside rein algebraisch durchzuführen. In einem weiteren Schritt resultiert der namhafte Abzählsatz von Pólya durch Kombination der gewichteten Fassung von Burnsides Lemma mit Zyklenindexpolynomen. Eine Reihe interessanter Beispiele runden die Niederschrift ab. Eine Kurzdarstellung von Maple-Befehlen für das Rechnen mit Gruppen und Zyklenzeigern ist im Anhang zu finden.

Benutzung von Maple™

Maple ist ein Computeralgebrasystem (CAS) für die Mathematik und ihre Anwendungen. Es besitzt eine Softwareschnittstelle für die Untersuchung und Visualisierung mathematischer Strukturen und bietet eine Umgebung für die Entwicklung mathematischer Programme. Maple ist wie andere CAS ein Werkzeug für das symbolische Rechnen und kann für die Bearbeitung mathematischer Aufgaben in ganz unterschiedlichen Bereichen eingesetzt werden, wie etwa Algebra, Differential- und Integralrechnung, Numerik sowie Statistik und Kombinatorik.

Die Bibliothek `GroupTheory` enthält eine Sammlung von Befehlen für das Rechnen mit endlich erzeugten Gruppen. Im Folgenden werden eine Reihe von Maple-Befehlen vorgestellt, die sich bei die Erstellung des vorliegenden Büchleins als hilfreich erwiesen haben. Auf die Angabe der Maple-Ausgaben wird verzichtet.

Permutationsgruppen werden anhand eines Erzeugendensystems definiert:

```
> V4 := PermutationGroup({[[1,2],[3,4]],[[1,3],[2,4]]});
> Cube := PermutationGroup({[[1,4,6,3]],[[1,5,6,2]],[[3,5,4,2]]});
```

Die Ordnung einer Gruppe, die Liste ihrer Elemente und die Gruppentafel können berechnet werden:

```
> GroupOrder(V4);
> Elements(V4);
> CayleyTable(V4);
```

Mit den Permutationen kann direkt gerechnet werden; das Symbol „.“ bezeichnet die Komposition von Permutationen:

```
> u := Perm([[1],[3],[2,4]]); v := Perm([[1,2,3,4]]);
> u.v; u.v.v.u; v^4;
```

Bekannte Gruppen wie die symmetrischen, zyklischen und Diedergruppen lassen sich mithilfe von Konstruktoren festlegen:

```
> S4 := SymmetricGroup(4);
> C4 := CyclicGroup(4);
```


K. Zimmermann, *Abzähltheorie nach Pólya*, essentials,
https://doi.org/10.1007/978-3-658-36498-4

```
> D4 := DihedralGroup(4);
```

Die Zyklentypen der Elemente einer Gruppe können unisono ermittelt werden:

```
> E := [op](Elements(D4));
> CT := sort(map(PermCycleType,E));
```

Mit dem Vorliegen zweier Gruppen kann getestet werden, ob eine der Gruppen Untergruppe oder sogar Normalteiler der anderen Gruppe ist:

```
> IsSubgroup(V4,S4);
> IsNormal(V4,S4);
```

Der Index und die Linksnebenklassen einer Untergruppe in einer Gruppen können errechnet werden:

```
> Index(V4,S4);
> LeftCosets(V4,S4);
> CayleyTable(S4,cosets=V4);
```

Zwei Gruppen lassen sich auf Isomorphie überprüfen:

```
> AreIsomorphic(V4,C4);
```

Zu einer Gruppe kann der Verband der Untergruppen ermittelt und als Hasse-Diagramm dargestellt werden:

```
> C12 := CyclicGroup(12);
> L_subgroupsC12 := SubgroupLattice(C12);
> subgroupsC12 := convert(L_subgroupsC12,'list');
> GraphTheory:-DrawGraph(convert(L_subgroupsC12,'graph'));
```

Das Zentrum und die Konjugiertenklassen einer Gruppen sowie die Zentralisatoren der Elemente können berechnet werden:

```
> Center(D4); Elements(%);
> ConjugacyClasses(D4);
> ConjugacyClass([[1,2,3,4]],D4); Elements(%);
> Centralizer([[1,2,3,4]],D4); Elements(%);
```

Die Stabilisatoren der Elemente einer Permutationsgruppe und die Bahnen (Orbits) können ermittelt werden:

```
> G := PermutationGroup({[[1,2]],[[3,4]]});
> Stabilizer(1,G); Elements(%);
> Orbits(G);
```

```
> Orbit(1,G); Elements(%);
```

Der Zyklenzeiger einer Gruppe kann aufgestellt werden:

```
> ZD4 := CycleIndexPolynomial(D4,[z||(1..4)]);
```

Durch anschließendes Einsetzen der Potenzsummen des Farbpolynoms wird das Anzahlpolynom der Muster erhalten:

```
> z1 := b+r; z2 := b^2+r^2; z3 := b^3+r^3; z4 := b^4+r^4;
> ZD4; expand(%);
```

Die Ausgabe ist in (4.35) dargestellt.

Was Sie aus diesem *essential* mitnehmen können

Zu den grundlegenden Instinkten des Menschen gehört der unwillkürliche Drang zur Suche nach Mustern. Unseren frühen Vorfahren hat dies geholfen, die Welt an sich ein Stück besser zu verstehen. Die Kombinatorik der Muster ist also mehr als jede andere mathematische Disziplin schon zu Urzeiten ein aktives Betätigungsfeld gewesen, wenn auch auf informeller Ebene.

Der Hauptsatz von Pólya ist ein Meilenstein der Kombinatorik. Er geht weit über die elementare Kombinatorik hinaus und ist im Zusammenspiel zwischen Kombinatorik, Algebra und Analysis entstanden – dies ist ein exzellentes Beispiel dafür, dass unter Einbeziehung anderer Teildisziplinen oftmals neue interessante Resultate entstehen.

Die Leser sollten in der Lage sein, die Symmetriegruppen von einfachen kombinatorischen Objekten zu beschreiben, Färbungen derartiger Strukturen zu spezifizieren, Zyklenzeiger von Permutationsgruppen aufzustellen und den Abzählsatz von Pólya zur Berechnung des Mustervorrats auf einschlägige Aufgaben anzuwenden.

Neuere Ergebnisse auf dem Gebiet der kombinatorischen Abzählung sind für Mathematiker bei Kerber (1999) und für Chemiker bei Fujita (1991) zu finden.

K. Zimmermann, *Abzähltheorie nach Pólya*, essentials,
https://doi.org/10.1007/978-3-658-36498-4

Literatur

Beeler, Robert A.: *How to Count: An Introduction to Combinatorics and Its Applications*, Springer, New York, 2015.

Betten, Anton; Fripertinger, Harald; Kerber, Adalbert; Wassermann, Alfred; Zimmermann, Karl-Heinz: *Codierungstheorie: Konstruktion und Anwendung linearer Codes*, Springer, New York, 1998.

De Bruijn, Nicolaas G.: *Pólyas Abzähl-Theorie: Muster für Graphen und chemische Verbindungen*, in: *Selecta Mathematica III*, Hrg.: Konrad Jacobs, Springer, Berlin, 1971.

Dixon, John D.; Mortimer, Brian: *Permutation Groups*, Springer, New York, 1996.

Fujita, Shinsaku: *Symmetry and Combinatorial Enumeration in Chemistry*, Springer, New York, 1991.

Harary, Frank: *Graphentheorie*, Oldenburg, München, 1974.

Kerber, Adalbert: *Applied Finite Group Actions*, Springer, New York, 1999.

Meyberg, Kurt: *Algebra, Teil 1*, Hanser, München, 1980.

Pólya, George: Kombinatorische Anzahlbestimmung für Gruppen, Graphen und chemische Verbindungen, *Acta Mathematica*, 68, 145-254, 1937.

Pólya, George; Read, J. Howard: *Combinatorial Enumeration of Groups, Graphs, and Chemical Compounds*, Springer, New York, 1987.

Pólya, George; Tarjan, Robert E.; Woods, Donald R.: *Notes on Introductory Combinatorics*, Birkhäuser, Boston, 1983.

Rose, Harvey E.: *A Course on Finite Groups*, Springer, New York, 2009.

Rosebrock, Stephan: *Anschauliche Gruppentheorie: Eine computerorientierte geometrische Einführung*, Springer Spektrum, New York, 2020.

Wilson, Robin; Watkins, John J.: *Combinatorics: Ancient and Modern*, Oxford Univ. Press, Oxford, 2013.

K. Zimmermann, *Abzähltheorie nach Pólya*, essentials,
https://doi.org/10.1007/978-3-658-36498-4

Stichwortverzeichnis

Symbols
(), 9
A_n, 20
$C_G(x)$, 34
C_n, 15
D_n, 24
$E(G)$, 26
$G(x)$, 31
G/U, 18
G_x, 32
$I(f, y)$, 36
$K_G(x)$, 34
K_n, 28
$L(G)$, 21
S_X, 12
S_n, 12
$S_n^{(2)}$, 51
$V(G)$, 26
X_g, 33
$Z(G)$, 34
Z_G, 43
$[G : U]$, 17
$[n]$, 8
$\bar{a}$, 17
ℓ_g, 21
$\langle X \rangle$, 13
$\omega(O)$, 42
$\phi(n)$, 15
$\ker(\phi)$, 20
$\sim_G$, 31
gU, 18
g^{-1}, 6
$l(\sigma)$, 10
$l_k(\sigma)$, 10
$s(n, k)$, 10
$w(y)$, 47
$\mathrm{Aut}(G)$, 20
WG, 25
id, 8
$\mathrm{im}(\phi)$, 20
sgn, 10

A
Abel, Niels Hendrik, 6
Abgeschlossenheit, 13
Abstand, 22
Additionsprinzip, 1
Äquivalenzklasse, 17
Äquivalenzrelation, 16
assoziative Abbildungskomposition, 5
Automorphismengruppe, 20, 27
Automorphismus, 19, 21, 27

K. Zimmermann, *Abzählltheorie nach Pólya,* essentials,
https://doi.org/10.1007/978-3-658-36498-4

B
Bahn, 31
Bahnensatz, 32
Baum, 2, 28
Betten, Anton, 58
Bild, 20
Blatt, 28
Burnside, William, 58

C
Cauchy, Augustin Louis, 58
Cayley, Arthur, 21, 57
Cayley-Satz, 21

D
De Bruijn, Nicolaas G., 35
Deckabbildung, 22
Diagramm, 26
Diedergruppe, 24, 25
disjunkte Teilmengen, 16
Drehung, 24

E
Ecke, 26
Einheitsgruppe, 13
Elementordnung, 15
Endomorphismus, 19
Epimorphismus, 19
Erzeugendensystem, 13
Erzeugnis, 13
euklidische Ebene, 22
Euler, Leonhard, 15
eulersche phi-Funktion, 15

F
Farbe, 34
Farbpolynom, 48
Färbung, 34
Figur, 22
Fixpunkt, 9, 33
Frobenius, Ferdinand Georg, 58
Fujita, Shinsaku, 65

G
G-Äquivalenz, 31
Gewicht, 42, 47
Gewichtssumme, 47
Gewichtsverteilung, 47
Gleichheitsprinzip, 1
gleichmächtige Mengen, 1
Graph, 26, 50
  isomorphe, 26
  markierter, 51
  unmarkierter, 51
  vollständiger, 28
  zusammenhängender, 28
Gruppe, 6, 24, 51
  abelsche, 6
  alternierende, 20
  einfache, 18
  endlich erzeugte, 13
  endliche, 6
  isomorphe, 19
  Ordnung, 6
  symmetrische, 12, 44
  zyklische, 14, 45
Gruppenoperation, 29, 30
  transitive, 32
  triviale, 31

H
Halskette, 35
Halskettenproblem, 2
Harary, Frank, 58
Homomorphismus, 19

I
Identitätsgraph, 27
Index, 17
Inhalt, 36
Inverses, 6
Isometrie, 22
Isomorphismus, 19, 26

J
Juxtaposition, 6

K
Kante, 26
Kerber, Adalbert, 58, 65
Kern, 20
Kirchhoff, Gustav, 57
Klassengleichung, 34
Klein, Felix, 7
Kleinsche Vierergruppe, 7
Knoten, 26
kommutative Operation, 6
Komponente, 28
Konjugation, 20, 33
Konjugationsklasse, 34
Kreis, 28

L
Lagrange, Joseph-Louis, 17
Lagrange-Satz, 17
längentreue Kanten, 22
Lemma von Burnside, 37
    gewichtete Version, 42
    Zyklenversion, 39
Linksmultiplikation, 17, 21
Linksnebenklassen, 18

M
Maple™, 61
Monomorphismus, 19
Multiplikation, 6
Multiplikationsprinzip, 1
Multiplikationstabelle, 6
Muster, 35
Mustervorrat, 49

N
Nachbarschaft, 26
Nebenklassen, 18
neutrales Element, 6
Normalteiler, 18

O
Orbit, 31, 62
Ordnung
    Element, 15
    Gruppe, 6

P
Paargruppe
    ungeordnete, 51
Partition, 16
Permutation, 8
    Grad, 8
    Typ, 10
Permutationsgruppe, 14
Pólya, George, 47, 58
Pólya-Satz, 47, 49
Potenzsumme, 48
Punkt, 26

Q
Quotientenmenge, 17

R
Rechtsnebenklassen, 18
Redfield, Howard, 57
reflexive Äquivalenzrelation, 17
reflexive Relation, 17
reguläres n-Eck, 23

S
Satz
    Cayley, 21
    Lagrange, 17
    Pólya, 47, 49
Setzbaum, 53
Signum, 10
    gerades, 10
    ungerades, 10
Signum-Abbildung, 19
Spiegelung, 24
Stabilisator, 32
Stelle, 34
Stirling, James, 10, 57
Stirlingzahlen erster Art, 10
Symmetriegruppe, 23
symmetrische Äquivalenzrelation, 17
symmetrische Relation, 17

T
Tarjan, Robert E., 58
teilerfremde Zahlen, 15
Teilgraph, 26
transitive Äquivalenzrelation, 17
transitive Relation, 17
Transposition, 9
Typ, 10

U
Uhrzeigersinn, 12
Untergruppe, 13
  triviale, 13

V
Verbindung, 26

W
Wald, 28
Weg, 28
  geschlossener, 28
Würfel, 25
Würfelgruppe, 25
Wurzel, 2
Wurzelbaum, 2
  ternärer, 55

Z
Zentralisator, 34
Zentrum, 34
Zyklenindex, 43
Zyklenindexmonom, 44
Zyklenindexpolynom, 43
Zyklenlänge, 9
Zyklentyp, 10
Zyklenzahl, 10
Zyklenzeiger, 43
  Diedergruppe, 45
  symmetrische Gruppe, 44
  ungeordnete Paargruppe, 51
  Würfelgruppe, 46
  zyklische Gruppe, 45
Zyklus, 9

Printed in the United States
by Baker & Taylor Publisher Services